基于上转换发光技术的快速检测技术：
原理与应用

杨瑞馥　主编

科学出版社

北　京

内 容 简 介

上转换发光材料是一类稀土元素构成的、具有特殊发光性质的物质，在先进制造领域有着广泛的应用，它在生物领域的应用也受到越来越多的关注。本书从上转换发光材料的性质与发光原理，上转换发光颗粒的合成与制备，以及上转换发光材料在生物检测、生物传感器等领域的应用和产业化方面进行了详细讨论，介绍了上转换发光快速检测技术的发展与产业化经验，希望有助于推动上转换发光材料在生物检测领域的应用。

本书可供各级医院临床检验医学、疾病预防控制机构、海关、科研机构和体外诊断产业领域，以及相关科研和教学等方面的人员阅读参考。

图书在版编目（CIP）数据

基于上转换发光技术的快速检测技术：原理与应用 / 杨瑞馥主编. —北京：科学出版社，2023.6
ISBN 978-7-03-075737-1

Ⅰ.①基… Ⅱ.①杨… Ⅲ.①上转换发光—应用—生物工程—检测 Ⅳ.①Q81

中国国家版本馆 CIP 数据核字（2023）第 104393 号

责任编辑：李 悦 薛 丽 / 责任校对：郑金红
责任印制：吴兆东 / 封面设计：刘新新

科 学 出 版 社 出版
北京东黄城根北街 16 号
邮政编码：100717
http://www.sciencep.com
北京建宏印刷有限公司印刷
科学出版社发行 各地新华书店经销
*
2023 年 6 月第 一 版 开本：B5（720×1000）
2024 年 1 月第二次印刷 印张：11
字数：220 000
定价：128.00 元
（如有印装质量问题，我社负责调换）

前　　言

　　自从 20 世纪 70 年代第二代免疫技术——酶联免疫技术发展以来，标记物从酶、荧光素、化学发光和量子点等发展到上转换发光稀土纳米颗粒，甚至出现了无标记的检测技术。免疫检测技术也从传统的荧光显微镜和酶联微孔板显色或化学发光检测技术发展到高通量的微量操作检测技术。检验医学技术经历了从定性到定量技术的发展，并逐步实现了自动化、数字化和操作简便化的目标。随着技术的发展和检验医学新需求的不断出现，现场即时检验（point of care testing，POCT）和家庭自测技术显得尤为重要。因艾滋病检测的特殊需求，美国食品药品监督管理局于 2012 年批准了艾滋病病毒唾液自检试剂，我国则于 2019 年批准了艾滋病病毒尿液自检试剂。另外，2019 年底暴发的新型冠状病毒（COVID-19）肺炎疫情全球流行，促进了新型冠状病毒抗原（简称新冠病毒抗原）家庭自测试剂的需求，我国国家药品监督管理局于 2022 年 3 月紧急批准了新冠病毒抗原自测试剂的居家应用，其在疫情防控中发挥了重要作用。如何实现现场即时检验技术的高灵敏、特异和客观的检测，一直是我们实验室关注和致力解决的问题。

　　美国早在 1995 年就开始探索上转换发光技术（up-converting phosphor technique，UPT）在生物检测中的应用。但由于受到上转换发光材料粒径越小发光效率越低特性的制约，至今仍停留在技术研发阶段。虽然采用直径 400 nm 的亚微米颗粒作为示踪物实现了免疫层析检测的目标，但限于颗粒直径较大，在层析中会造成严重的空间位阻，无法实现多重检测；同时，由于定量精度难以控制，也无法实现工业化生产。欧洲的研究也遇到了类似问题，至今也是处于研发阶段。我们的研究团队不局限于上转换发光材料本身特性的探索，而是以生物应用效果指导示踪物的研究，通过优化稀土元素组成、配比、晶体生长动力，制备出不同元素构成、不同大小的上转换发光颗粒，构建了上转换发光材料的量化评价体系。我们在国际上首次创建了上转换发光纳米免疫层析技术体系，可在现场条件下 15 min内，对全血、尿、便，甚至腐败脏器中 20 种靶标进行快速定量检测，实现了定量免疫层析 POCT 技术的一次飞跃。我们从选定 UPT 作为研发现场快速检测与应用技术的突破口，到实现该技术的产业化，历时 12 年，拥有自主知识产权，且领先于国际上现有的现场快速定量检测技术平台，成功实现了产业转化及多领域应用。

　　我们对技术转化的研究深有体会，愿与同行分享。首先，学科交叉起着决定性作用。UPT 包括检测标志物和检测技术两个关键环节，二者缺一不可。UPT 最先在美国开展研究，由于得不到独特的上转换发光材料，我们的研究计划不得已一拖再拖。直到 2000 年，本人意外收到一封寻求上转换发光颗粒生物研究领域应用合作的信函。在信中，上海科润光电技术有限公司自荐他们能够制备这种颗粒。当与该公司负责人郑岩联系后，我们当即草拟了一份合作协议，这份只是双方签名的协议一直让我们合作至今。随即，我们招收了一名研究生，他有着化学研究背景，负责研究颗粒的化学修饰及其与生物分子的连接。同时，我们还联系中国科学院上海光学精密机械研究所在生物传感器领域具有丰富经验的黄惠杰研究员，进行光机电、软件技术与上转换发光即时检验（up-converting phosphor technique-based point of care testing，UPT-POCT）的结合。在材料、化学、生物和生物传感多领域合作的基础上，通过 7 年的研究，终于使 UPT-POCT 成为一种成熟的实验室技术。接着我们联合做诊断原材料和检测试剂的北京热景生物技术股份有限公司开展了产业化合作，历经 5 年，突破了多个技术瓶颈，成功实现了产业化。从上述历程看，没有多学科的交叉，UPT-POCT 的产业化是难以实现的。其次，不以利益为目标的合作是技术转化的保障。该技术的转化过程，需要材料、化学、生物、光机电和计算机及产业等不同领域人员的密切合作。有幸的是，我们这个多学科交叉团队始终以"促进 UPT-POCT 产业化"为目标，不计个人得失，前后历时 12 年，没有因为经费、技术保密、个人名利等问题而发生过研究搁置。在将技术转化为产业的过程中，企业投入大量人力、物力和财力，没有因为反复失败而畏缩不前。因此，以共同目标为导向的精诚合作是重要保障。最后，研究者与公司的合作态度是技术转化成功的基石。研究人员对自己科研成果转化成产品具有很高的期待，往往认为自己的劳动果实应该首先获得公司一笔可观的科研补偿（转让费），而公司则认为在获得收益之前投入越少越好。这种对转化认识的鸿沟阻碍了很多具有产业潜力成果的成功转让。其实，这主要反映了转化双方对技术的信心，科研人员往往对自己的技术非常自信，但不懂得市场规律；公司懂得市场规律，虽看好技术前景，但仍对技术本身持有"怀疑"态度。因此，跨越这道认识的鸿沟，才能达成共识，实现技术的产业化。以我们为例，转化前，我们信心满满，认为 1～2 年即可实现产业化，转化工作开始后，我们双方又花了 5 年时间，克服了产业化过程的多个关键技术障碍，才最终成功。这也使我们清醒地认识到，科研的成功只是第一步，一项技术只有最终成为上市产品才可称得上成功转化。因此，双方达成理解与降低期望值，共同为技术的成功转化而努力，才是科研人员成果结出硕果的必由之路。

目前上转换发光免疫层析技术已经应用于临床急诊检验、肿瘤标志物检验和肝损伤检验，以及生物安全领域的传染病病原快速检验，食品安全领域的微生物、毒素和农兽药残留检测，疾病与防控领域的应急检验，海关的进出口检疫和公安部门的毒品现场快速检验等，弥补了我国缺乏自主知识产权的现场快速定量免疫检验技术的缺憾。UPT 不仅能用于生物的免疫快速检测，而且还能用于核酸检测、体内成像、肿瘤治疗等领域。在免疫检测领域，目前主要基于免疫层析技术平台，发展液相快速免疫检测技术是将来技术创新的重要方向。因此，随着技术的发展，期待基于上转换发光的新型检测技术不断涌现。

在本书编辑出版过程中，恰逢新冠疫情暴发，多名作者奋斗在抗疫一线的同时，投入了大量心血撰写此书。祝贺我们共同劳动的结晶问世的同时，也对每位作者的奉献表示衷心感谢。同时，感谢中国科学院上海光学精密机械研究所黄惠杰团队、上海科润光电技术有限公司郑岩团队和北京热景生物技术股份有限公司林长青董事长团队在研发、产业化 UPT-POCT 过程中"以终为始"的精诚合作，还要特别感谢在此书出版过程中季华博士的协调与投入。

由于我们水平有限，对于书中的疏漏，请读者朋友不吝赐教。

杨瑞馥

2023 年 1 月于北京

目　　录

第一章　上转换发光材料的性质与发光原理

宋丹丹　赵谡玲　徐　征[1]

上转换（upconversion，UC）发光材料以稀土离子、过渡金属离子等作为发光中心，其中镧系稀土离子具有最高的上转换发光效率。上转换发光（upconversion luminescence，UCL）作为一种重要的反斯托克斯（anti-Stokes）发光过程，可吸收两个或更多的低能量光子，产生高能量光子的发射。目前，通过上转换方式而实现的发光几乎覆盖了可见光部分的各个波段。因此，上转换发光材料在固态激光器、多彩色显示技术、光数据存储、低强度红外成像、生物探针和生物成像等方面有着重要的应用。上转换发光材料的优势尤其体现在生物领域，它可以利用近红外光源激发，穿透深度更深，并能有效避免生物分子本身自发荧光的干扰，相比普通的发光材料，在特征生物分子探测和识别上具有更优异的性能。因此，了解上转换发光材料的发光过程机制及稀土上转换发光材料的性质，对上转换发光材料的应用具有重要的意义。

第一节　上转换发光概述

一、上转换发光

当物质接收一定的激发能量，如光照射、电场、电子束等，只要不发生化学变化，便要恢复到原来的平衡状态，将多余的能量释放出来。这部分能量如果以可见光或接近可见光的电磁波形式发射出来，即称这种现象为发光[1]。发光材料包括半导体发光材料、具有分立发光中心的发光材料，以及具有量子阱等特殊结构的发光材料等。发光材料的研究和发展给人类生活带来了巨大的变革，如各种显示终端、荧光及长余辉照明、光纤放大器、激光器和量子计算器等的广泛应用。

一般材料发射光子的能量都小于吸收光子的能量，发光光谱峰值与吸收光谱峰值之间的差值称为斯托克斯位移（Stokes shift）。如果材料发射光子的能量大于吸收光子的能量，其差值称为反斯托克斯位移（anti-Stokes shift）[图 1-1（a）]，具有反斯托克斯位移的材料在很多领域中具有独特的应用价值。目前，可以实现反斯托克斯位移光子发射的材料主要包括多光子吸收材料、热吸收材料、上转换

1 宋丹丹　赵谡玲　徐　征　北京交通大学发光与光信息技术教育部重点实验室，北京交通大学光电子技术研究所

发光材料及三线态-三线态激子湮灭发光材料等[2]。不同的发光过程示意图如图1-1（b）~图1-1（f）所示。斯托克斯位移发光过程中（对应于普通的发光材料，也称为能量下转换发光材料），电子获得能量后到达更高激发态，损失部分能量后到达较低激发态，发射能量较低的光子。双光子吸收发光过程中，电子吸收两个光子，获得更高的能量，发射一个高能量光子。热吸收发光过程中，电子吸收热能和一个光子，获得更高的能量，产生一个高能量光子的发射。三线态-三线态激子湮灭发光过程中，两个三线态激子通过能量传递产生一个能量较高的单线态激子，产生一个高能光子的发射，这一过程主要存在于有机发光材料中。

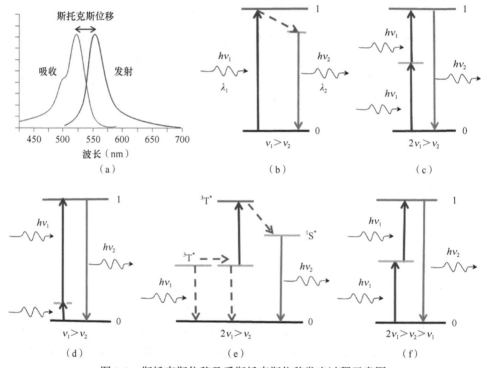

图 1-1　斯托克斯位移及反斯托克斯位移发光过程示意图

（a）斯托克斯位移材料的吸收和发射光谱；（b）斯托克斯位移发光过程示意图；（c）双光子吸收发光过程示意图；（d）热吸收发光过程示意图；（e）三线态-三线态激子湮灭（TTA）发光过程示意图；（f）上转换发光过程示意图[3]

　　上转换发光过程中电子通过连续吸收或能量传递的方式获得两个或多个光子的能量从而跃迁到高激发态，而后向下跃迁产生一个高能光子的发射。这是一种重要的反斯托克斯位移过程，可以有效增加光子能量，将光子能量提高一倍以上，因此可实现从红外光到可见光的转换。与其他多光子吸收过程不同，上转换发光在较低激发密度的情况下也可以发生。

　　人们对上转换发光现象的发现和研究始于20世纪中期。在20世纪40年代前，人们就发现有一类磷光体能在红外光的激发下发射可见光[3]，并将此定义为上转换发光，但这只是一种红外释光。1959 年，Bloembergen 提出红外光子可以通过固体中离子能级的依次吸收机制转换为较高能量的光子而进行探测[4]，即利用离子弛豫的激发态对红外光子再次吸收，获得更高能量光子的发射，从而实现对红外光子的探测（红外量子计数器），这也是对激发态吸收实现上转换发光的最早描述。20 世纪 60 年代中期，法国科学家 Auzel 等研究了稀土离子掺杂材料的上转换发光现象[5]，发现和提出了 Yb^{3+} 和其他稀土离子（如 Er^{3+}、Tm^{3+}、Pr^{3+}等）共掺杂入基质材料中的发光机制，认为激发 Yb^{3+} 时由能量传递引起了光子叠加（addition de photon par transferts d'energie，APTE，这种机制后来也被称为能量传递机制）[6-8]。这种由其他离子进行能量传递（也称为敏化）机制的发现与应用使上转换发光的效率大大提高，而且使得单频激光泵浦成为可行手段。1979 年，Chivian 等[9]在基于 Pr^{3+} 的红外量子计数器中发现了光子雪崩（photon avalanche，PA）上转换现象。

除了稀土离子可以作为上转换发光的中心外，过渡金属离子也被发现具有上转换发光的特性。1978 年，Cresswell 等在 Cs$_2$NaYCl$_6$ 中掺杂 Re^{4+}代替 Yb-Tm 体系中的 Yb 离子，实现了红外向绿光的上转换[6]。Moncorge 等也实现了 MgF$_2$:Ni^{2+} 的上转换发光[10]。除此之外，Ti^{2+}（3d^2）、Cr^{3+}（3d^3）、Mo^{3+}（4d^3）、Os^{4+}（5d^4）也可实现上转换发光[11]。但由于 d 离子在介质晶体场中的强斯托克斯位移，过渡金属离子的上转换发光不如镧系金属离子有效。

上转换发光的研究最初主要应用在激光器中，实现了红外向可见光的激光转换发射。1971 年，Johnson 等用 BaY$_2$F$_8$:Yb/Ho 和 BaY$_2$F$_8$:Yb/Er 在 77 K 下用闪光灯泵浦首次实现了绿色上转换激光[1]；1987 年，Antipenko 用 BaY$_2$F$_8$:Er 首次实现了室温下的上转换激光。室温运转的紫、蓝、绿、红波段的激光器，最高功率达到 1238 mW，斜率效率为 46.6%[12]。上转换发光也可应用在太阳能电池中，通过吸收近红外太阳光并转换为电池材料可吸收的可见光，从而提升了太阳能电池对太阳光谱的利用率[13]。但上转换发光材料的转换效率依然相对较低，因此对太阳能电池效率的提升比较有限。上转换发光在其他领域，如三维立体显示、防伪技术等领域也具有广泛的研究空间和很好的应用前景。

目前，上转换发光材料在生物领域具有非常重要的应用。随着生物技术的发展，以发光的形式对生物分子进行标记、成像和探测等越来越重要。荧光蛋白、有机染料、有机金属化合物、半导体量子点等都可以作为荧光探针，但这些材料的激发需要较高能量的光子，易对 DNA 及细胞等造成损害[7]，并且，生物分子也可能在激发下产生荧光发射，对信号造成干扰。因此，可以实现近红外向可见光转变的反斯托克斯位移材料，尤其是可以实现双光子或多光子吸收的材料，具有明显的优势。但双光子荧光材料的激发需要相干光源，并且转换效率较低。镧系金属离子掺杂的上转换发光纳米晶可以在较低能量的激发下实现可见光的发射，其在生物领域中的应用具有很多优势。目前，上转换纳米晶已经成功地应用于生物成像、生物探针、生物标记等领域。

二、上转换发光主要过程概述

普通的发光只涉及一个基态和一个激发态，上转换发光的产生依赖于多重中间态的存在，这些中间态对能量的叠加产生低能激发光子向高能发射光子的转变。具有中间态的离子包括含有 f 能级及 d 能级的离子。因此，理论上稀土离子（镧系 4f、锕系 5f）、过渡金属离子（3d、4d、5d）可产生上转换发光。

每种离子都有其确定的能级位置，不同离子的上转换发光过程不同。目前，可以把上转换发光机制归结为三种形式：激发态吸收（excited state absorption，ESA）、能量传递（energy transfer upconversion，ETU 或 addition de photon par transferts d'energie，APTE）及光子雪崩（photon avalanche，PA），如图 1-2 所示。

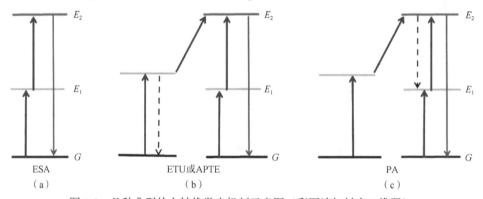

图 1-2　几种典型的上转换发光机制示意图（彩图请扫封底二维码）

(a) 激发态吸收（ESA）；(b) 能量传递（ETU 或 APTE）；(c) 光子雪崩（PA）。红色箭头、灰色虚线和绿色实线箭头分别代表吸收、能量传递和发光过程。图中，G 为基态能级，E_1、E_2 分别为不同的激发态能级

激发态吸收上转换发光机制涉及一个稀土离子中的基态到激发态的跃迁，以及激发态向更高激发态的跃迁（激发态吸收）过程，跃迁过程通过对光子的逐次吸收实现。如图 1-2（a）所示，如果激发光能量可以满足离子从基态到较低激发态（亚稳激发态）的跃迁，则电子可以吸收光子跃迁到亚稳激发态；第二束激发光将电子从亚稳激发态泵浦到更高的激发态，而后电子跃迁至基态，产生高能量的发光，实现能量上转换发光。能量传递上转换过程与激发态吸收上转换过程不同，能量传递上转换过程发生在相邻稀土离子间。如图 1-2（b）所示，稀土离子吸收光子可以从基态跃迁至亚稳激发态，而后处于激发态的离子获得相邻稀土离子传递的能量，跃迁至更高激发态，从而产生能量的上转换。光子雪崩引起的上转换发光如图 1-2（c）所示，光子雪崩过程从亚稳激发态能级的布居开始——电子通过非共振的基态吸收跃迁到亚稳激发态，而后跃迁至较高激发态，产生上转

换发光。

在这三种上转换发光机制中，激发态吸收上转换发光的效率相对较低，能量传递上转换发光的效率最高。因此，在高效上转换发光材料中，一般是基于能量传递（APTE）上转换发光机制对材料进行设计和优化的。基于不同上转换发光过程的稀土发光材料性能如表 1-1 所示[8,11,14-24]。

表 1-1　不同上转换发光过程的稀土发光材料性能

基质	离子组合	发光过程	温度（K）	效率（cm^2/W）$^{n-1}$	参考文献
YF$_3$	Yb^{3+}-Er^{3+}	APTE（ETU）	300	$\approx 10^{-3}$	[8]
SrF$_2$	Er^{3+}	ESA	300	$\approx 10^{-5}$	[8]
YF$_3$	Yb^{3+}-Tb^{3+}	合作敏化	300	$\approx 10^{-6}$	[8]
YbPO$_4$	Yb^{3+}	合作发光	300	$\approx 10^{-8}$	[14,15]
CaF$_2$	Eu^{3+}	双光子吸收	300	$\approx 10^{-13}$	[8]
YF$_3$	Yb^{3+}-Er^{3+}	APTE（ETU）	300	2.8×10^{-1}	[16]
玻璃陶瓷	Yb^{3+}-Er^{3+}	APTE（ETU）	300	2.8×10^{-1}	[17]
NaYF$_4$	Yb^{3+}-Tm^{3+}	APTE（ETU）	300	3.4×10^{-2}	[23]
YF$_3$	Yb^{3+}-Tm^{3+}	APTE（ETU）	300	4.25×10^{-2}	[23]
玻璃陶瓷	Yb^{3+}-Tm^{3+}	APTE（ETU）	300	8.5×10^{-2}	[23]
NaYF$_4$，Na$_2$Y$_3$F$_{11}$	Yb^{3+}-Er^{3+}	APTE（ETU）	300	$(0.01 \sim 2) \times 10^{-4}$	[18]
NaYF$_4$	Yb^{3+}-Er^{3+}	APTE（ETU）	300	2.5×10^{-4}	[24]
NaYF$_4$	Yb^{3+}-Tm^{3+}	APTE（ETU）	300	5.5×10^{-2}	[18]
NaYF$_4$	Yb^{3+}-Tm^{3+}	APTE（ETU）	300	3×10^{-7}	[24]
氟锆酸盐玻璃	Yb^{3+}-Tm^{3+}	APTE（ETU）	300	6.4×10^{-3}	[19]
氟锆酸盐玻璃	Yb^{3+}-Ho^{3+}	APTE（ETU）	300	8.4×10^{-4}	[19]
玻璃陶瓷	Yb^{3+}-Tm^{3+}	APTE（ETU）	300	3.5×10^{-1}	[20]
玻璃陶瓷	Yb^{3+}-Tm^{3+}	APTE（ETU）	300	3.6×10^{-3}	[20]
ThBr$_4$	U^{4+}	ESA	300	2×10^{-6}	[21]
SrCl$_2$	Yb^{3+}-Yb^{3+}	合作发光	100	1.7×10^{-10}	[22]
SrCl$_2$	Yb^{3+}-Tb^{3+}	合作敏化	300	8×10^{-8}	[22]

三、上转换发光材料

（一）上转换发光材料的种类

上转换发光材料是以具有亚稳态能级的离子作为发光中心，产生能量上转换的一类发光材料。目前已可以实现上转换发光的材料包括稀土、过渡金属等含有 f、d 能级离子的材料。图 1-3 给出了可实现上转换发光的离子，主要为镧系[Pr^{3+}

（4f^2）、Nd^{3+}（4f^3）、Sm^{3+}（4f^5）、Eu^{3+}（4f^6）、Gd^{3+}（4f^7）、Tb^{3+}（4f^8）、Dy^{3+}（4f^9）、Ho^{3+}（4f^{10}）、Er^{3+}（4f^{11}）、Tm^{3+}（4f^{12}）、Tm^{2+}（4f^{13}）]、锕系[U^{4+}（5f^2）、U^{3+}（5f^5）]及过渡金属离子[Ti^{2+}（3d^2）、Cr^{3+}（3d^3）、Mn^{2+}（3d^5）、Ni^{2+}（3d^8）、Cu^{2+}（3d^9）、Mo^{3+}（4d^3）、Re^{4+}（5d^3）、Os^{4+}（5d^4）]。

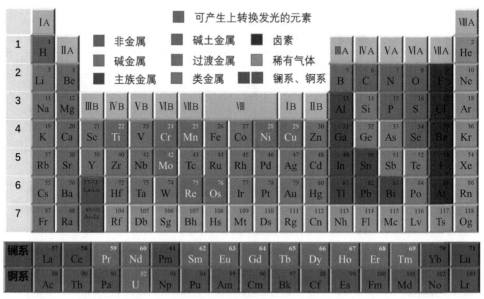

图1-3　可产生上转换发光的元素在元素周期表中的示意图（彩图请扫封底二维码）

　　稀土上转换发光中心的离子主要包括镧系、锕系稀土元素。其中，镧系稀土离子的上转换发光是基于4f电子间的跃迁产生的，由于外壳层5d和5p轨道电子对4f电子的屏蔽作用，4f电子态之间的跃迁受基质的影响很小，能形成稳定的发光中心，并且对温度不是很敏感。当镧系金属离子置于具有低声子能量的环境下时，可以产生多重长寿命的亚稳激发态，大大降低了多声子弛豫对这些激发态的猝灭[25]，从而使得镧系稀土离子具有较高的上转换发光效率。在不同的基质材料中，掺杂不同的稀土离子，能实现稀土离子的红、绿、蓝三基色上转换发光，如Tm^{3+}、Yb^{3+}共掺杂在氟化物玻璃中的上转换蓝光发射[26]、Ho^{3+}在钇铝石榴石（YAG）晶体中的上转换红光发射[27]及Er^{3+}在氟锆酸盐（ZBLAN）玻璃中的绿光发射等[28]。作为发光中心的稀土离子还有Pr^{3+}、Nd^{3+}和Sm^{3+}等，这些稀土离子掺杂的上转换发光材料已有上百种，仅掺Yb^{3+}-Er^{3+}的材料就有很多种[8,18]。

　　不同于稀土离子具有窄带隙且发光波长较固定的发光特点，过渡金属离子的上转换发光主要由一个宽频带发光组成。在一些过渡金属离子中通过改变d电子对化学环境的敏感性可以实现发光波长的调控[29]。过渡金属离子也可与镧系稀土离子相结合实现上转换发光。

　　虽然过渡金属离子掺杂合适的主体材料可实现上转换发光，但发光需要在较低温度下，并且无辐射跃迁速率较高、上转换速率较低，因而这些材料目前还处于基础研究阶段。掺杂稀土离子的上转换发光材料是目前上转换发光材料中最成熟、性能最优异的材料。因此，本章对上转换发光材料性质及其发光机制的介绍也主要是基于稀土离子上转换发光材料，尤其是三价镧系稀土离子上转换发光材料。

（二）上转换发光材料的发光性能参数

衡量上转换发光材料发光性能的主要参数包括量子产率（quantum yield，QY）和转换效率（conversion efficiency，CE）。

上转换发光的量子产率（η_{QY}）可表示为式（1-1）。

$$\eta_{QY} = \eta_{发射} / \eta_{吸收} \tag{1-1}$$

式中，$\eta_{发射}$、$\eta_{吸收}$ 分别为发射和吸收的光子数。在上转换发光中，对于双光子过程最大量子产率为 50%，对于三光子上转换过程最大量子产率为 33%。绝对量子产率的测试方法可参考文献[30]和[31]。

上转换发光的转换效率（η_{CE}）可表示为式（1-2）。

$$\eta_{CE} = P_{发射} / P_{吸收} \tag{1-2}$$

式中，$P_{发射}$、$P_{吸收}$ 分别为发射和吸收的光子功率。由于光子的功率与其波长有关，可以看出，上转换发光的转换效率与量子产率并不等价。

影响上转换发光效率的因素很多，主要有以下几点。

1）与发光中心的能级结构和掺杂浓度有关[32,33]。发光中心的较高能级与相邻下一能级之间能量差的大小，影响着较高能级电子的发射概率。能量差较大时，无辐射概率相对较小，辐射概率大，上转换效率高；能量差较小时，无辐射概率较大，辐射概率小，上转换效率降低。高浓度掺杂的发光中心常常由于相互之间的交叉弛豫作用引起发光的猝灭，从而降低了发光效率。为了避免交叉弛豫带来的发光效率损失，可以利用高浓度掺杂和高激发光强度相结合。

2）与基质特性有关。基质对发光效率的影响主要体现在：①基质的声子能量影响稀土离子的多声子弛豫过程及声子辅助的能量传递过程，这主要同稀土离子间的能量传递和多声子弛豫有关，因此是影响上转换发光效率的关键因素。②基质的晶体场对称性影响镧系金属离子的电偶极跃迁概率，从而影响上转换发光的效率。为了调节基质晶体场对称性，可以通过掺杂不同尺寸的离子，引起晶格的压缩或扩展[34,35]；或者通过掺杂过渡金属离子，利用过渡金属离子的 d 轨道起到对镧系稀土离子的电子-声子耦合的增强作用[34,36]。

3）与环境温度有关[37]。环境中温度的变化对上转换发光的影响主要有两方面：温度升高，发光能级向相邻下一个能级的多声子弛豫速率增加，发光效率降低；另外，温度发生变化时，对声子辅助能量传递概率有明显影响，随着温度升高，吸收声子的能量传递概率增加，发射声子的能量传递概率降低。

第二节 上转换发光机制

掺杂稀土离子的上转换发光材料是目前上转换发光材料中研究最多、最成熟、性能最优异的材料。因此，本节基于三价镧系稀土离子的能级和能级跃迁来介绍上转换发光的机制。

一、激发态吸收上转换发光机制

（一）激发态吸收过程

激发态吸收引起上转换发光的过程由 Bloembergen 在 1959 年设计固态红外量子计数器时提出[38]。利用光将电子激发至激发态能级上，而后再激发至更高激发态能级上，然后发射频率大于吸收光子频率的光子。如图 1-4 所示，首先处于基态能级（G）的发光中心吸收一个 ω_1 的光子，电子跃迁到中间亚稳态（E_1）上；然后，处于中间亚稳态（E_1）的发光中心又吸收一个 ω_2 光子，跃迁到更高的激发态（E_2）上。E_2 与 E_1 能级差远大于 kT（k 为玻尔兹曼常量，T 为温度）。当 E_2 电子向下跃迁时，就发射出一个高能量光子，其频率 $\omega > \omega_1$，ω_2。

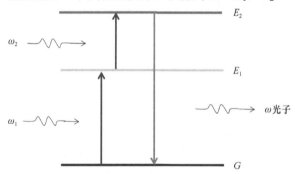

图 1-4 上转换的激发态吸收过程（彩图请扫封底二维码）

激发态吸收引起的上转换发光过程的光吸收既可以是直接的电子跃迁，也可以是声子辅助的电子跃迁。一般情况下，激发态吸收引起的上转换发光需要两束不同的激发光，一个共振于基态吸收跃迁（基态至较低激发态的跃迁），另一个共振于激发态吸收跃迁（激发态向更高激发态的跃迁）。在某些情况下，也可以只采用一束激发光：①基态至激发态与激发态至更高激发态的吸收跃迁所需的能量完全一致，或者两者之间的能量差可以由吸收或发射声子来补偿；②在不规则的材料中，这些跃迁被非均匀展宽。此外，由于激发态吸收过程发生在一个稀土离子内部，它与材料中稀土离子的浓度无关。但为了避免离子之间的能量传递导致的发光效率损失，激活离子的掺杂浓度要小。

（二）激发态吸收上转换发光实例

用 Kr 离子激光器的 647.1 nm 光激发 $LaF_3:Tm^{3+}$，可以观察到来自 $^3H_4$、$^1G_4$、$^1D_2$ 和 $^1I_6$ 的发射，如图 1-5 所示[1]。上转换发光是由激发态吸收引起的。激发过程为：电子吸收第一个光子，由基态跃迁到 $^3F_2$，由于 $^3F_2$、$^3F_3$ 和 $^3H_4$ 相距很近，电子很快弛豫到 $^3H_4$。随后电子可能吸收一个光子跃迁到 $^1D_2$，或者跃迁到基态发出红外光，也可能跃迁到 $^3F_4$，处于 $^3F_4$ 能级上的电子还可以吸收第二、第三个光子到达更高的激发态（$^1G_4$ 和 $^1P_1$），由于 $^3P_1$ 和 $^1I_6$ 相距很近，电子很快弛豫到 $^1I_6$。

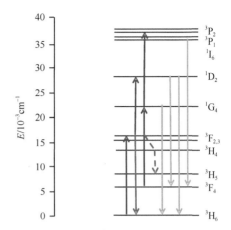

图 1-5　LaF_3 中 Tm^{3+} 的能级及 647.1 nm 光激发下的上转换发光过程（彩图请扫封底二维码）

二、光子雪崩上转换发光机制

（一）光子雪崩上转换发光过程

光子雪崩（或吸收雪崩）的上转换发光机制，是 1979 年在 $LaCl_3:Pr^{3+}$ 材料中首次发现的[9]。在该材料体系中，激发频率同 Pr^{3+} 的 $^3H_5$-$^3P_1$ 激发态吸收相对应。当发光略微超过一个确定的临界强度时，Pr^{3+} 的 $^3P_1$ 或 $^3P_0$ 的发光急剧增强，相应泵浦光的吸收也急剧增强，这就是光子雪崩现象。而后，在 $LaBr_3:Sm^{3+}$[39]、$CeCl_3:Nd^{3+}$[40]等体系中也发现了光子雪崩现象。因为光子雪崩产生高能激发态上的电子布居，所以有可能实现上转换发光。

光子雪崩过程是激发态吸收和能量传输结合在一起的过程。如图 1-6 所示，以一个四能级系统为例，G、m_1、m_2 分别为基态及中间亚稳态，E 为发射光子的高能态。激发光对应于 $m_1 \rightarrow E$ 的共振吸收，这是光子雪崩的特征之一。虽然激发光同基态的吸收不共振，但总会有少量的基态电子被激发到 E 与 m_2 之间，而后弛豫到 m_2 上。m_2 电子和其他离子的基态电子发生能量传输 I，产生两个 m_1 电子。一个 m_1 电子再吸收一个频率为 ω' 的光子后，激发到 E 能级上。E 能级电子又与其他离子的基态电子相互作用，发生能量传输 II，产生三个 m_1 电子。从而，对 m_1 能级的共振激发如此循环，E 能级上的电子数量像雪崩一样急剧增加。当 E 能级上的电子向基态跃迁时，就发出频率为 ω（$\omega > \omega'$）的光子，实现上转换发光。

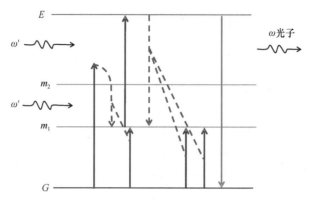

图 1-6　光子雪崩过程（彩图请扫封底二维码）

　　光子雪崩的一个特征是存在一个激发能量阈值[41,42]，这个阈值将激发分为两个阶段。当低于这个激发能量阈值时，上转换发光强度很弱，晶体对泵浦光是透明的；当高于这个阈值时，上转换发光强度增加了很多倍，并且晶体对泵浦光的吸收也急剧增强。此外，所掺杂的稀土离子浓度必须足够高，以致能引起有效的离子之间的交叉能量传递，使离子中间态可达到一定的电子布居。

　　基于光子雪崩的机制实现的上转换激光器，与基于紫外光激发机制的下转换激光器相比，可以避免紫外光引起的基质的光致衰减；与基于激发态吸收机制的上转换激光器相比也具有一个比较突出的优点，即泵浦光只需要一个跃迁共振，因此一束泵浦光就能实现上转换发光。因此，光子雪崩也是高浓度掺杂上转换激光器理想的泵浦过程。更多关于光子雪崩上转换发光过程的机理及其在激光中的应用可参考 Marie-France Joubert 撰写的综述文章[43]。

（二）光子雪崩上转换发光实例

　　$CdF_2:Tm^{3+}$在 77 K 下，采用 647.7 nm 光激发可观察到红光向蓝光的光子雪崩上转换发光。647.7 nm 的泵浦光与 Tm^{3+}的 $^3H_4$-$^1D_2$ 跃迁共振，产生了 $^1D_2$-$^3F_4$ 跃迁的 450 nm 左右的蓝光发射[29]。在 $LiYF_4:Tm^{3+}$体系中也验证了红外到紫外的光子雪崩上转换发光[44]：首先，1.04 μm 的激发光对 $^3F_4$-$^3F_2$ 跃迁进行雪崩激发，实现了在 15 000 cm^{-1} 态的布居；其次，多个能量传递过程使得布居能级升至 35 000 cm^{-1}，产生了紫外发射。

三、能量传递上转换发光机制

（一）能量传递上转换发光过程

　　能量传递可以发生在同种或不同种稀土离子之间。通过能量传递获得上转换发光有两种机制[1]：①处于激发态的同种离子间的能量传递；②不同离子间的逐次能量传递。类似于磷光领域的说法,吸收光子、产生跃迁的离子一般称为敏化剂(某些情况下也被称作"施主");接受传递的能量并产生发光的离子称为激活剂(activator,某些情况下也称作"受主")。

1. 能量传递过程的基本理论

能量传递的过程包括共振辐射能量传递、共振无辐射能量传递、声子辅助无辐射能量传递及同种离子间的交叉弛豫过程(图1-7)。对于共振辐射能量传递,敏化剂离子发出真实的光子,在光子传输距离内被激活剂离子吸收,这种能量传递不仅依赖于样品的形状,而且也依赖于敏化剂的发光光谱和激活剂的吸收光谱的重叠,在上转换发光的能量传递中属很罕见的形式。

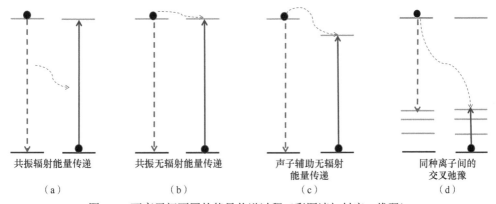

共振辐射能量传递　　　　共振无辐射能量传递　　　　声子辅助无辐射
能量传递

同种离子间的
交叉弛豫

　　(a)　　　　　　　　　(b)　　　　　　　　　(c)　　　　　　　　　(d)

图1-7　两离子间不同的能量传递过程(彩图请扫封底二维码)

共振无辐射能量传递,即Förster偶极-偶极-共振能量传递,是上转换发光中最重要的能量传递过程。在这个过程中,一个激发态离子通过与另一个离子的库仑相互作用,将能量传递给另一个离子,中间不产生发光。激发的"施主"(donor)的电子能量传递给离它最近的"受主"(acceptor),而不需要两者的波函数重叠。这种过程最先是由Förster发现的[45],他认为这种能量传递过程涉及偶极-偶极相互作用,在两种离子的偶极跃迁都允许的情况下作用最强[8]。其能量传输概率(P_{SA})为式(1-3)。

$$P_{SA} = \frac{2\pi}{\hbar}\left|\left\langle S^e A^0 \left| H_{SA} \right| S^0 A^e \right\rangle\right|^2 \rho_E \qquad (1\text{-}3)$$

式中,S、A分别为敏化中心和激活中心,e、0分别代表激发态和基态,H_{SA}为相互作用哈密顿算符,ρ_E为态密度,$\hbar$为约化普朗克常量。对于电磁相互作用,能量传输概率可表示为式(1-4)。

$$P_{SA} = (R_0/R)^i/\tau_s \qquad (1\text{-}4)$$

式中,R_0为发光中心和敏化中心发生能量传递时的临界距离(即能量传递和敏化中心自发辐射概率相等情况下的距离),R为二者的实际距离,τ_s为敏化中心激发态寿命。当$R > R_0$时,能量传递概率迅速下降。不同的作用过程决定了幂级i的值。

　　　　　　　　i=6，电偶极-电偶极相互作用

　　　　　　　　i=8，电偶极-电四极相互作用

　　　　　　　i=10，电四极-电四极相互作用

　　当敏化中心（S）和激活中心（A）的激发态与基态之间的能量差相同且两者之间距离足够近时，通过两中心的电磁相互作用，二者之间就可发生共振能量传递。S 离子的电子从激发态跃迁到基态，这部分能量传递给 A 离子，使 A 离子的电子从基态跃迁到激发态，当 A 电子向基态跃迁时就发射了光子，如图 1-7（a）所示。当敏化中心（S）和激活中心（A）的激发态与基态间的能量差不同，即存在能量失配时，两中心间就不能发生共振能量传递。然而由实验发现，S 和 A 之间可以通过产生声子或吸收声子来协助完成能量传递，即声子辅助无辐射能量传递，如图 1-7（c）所示。在声子辅助无辐射能量传递中，由式（1-3）所描述的传递概率需要做一些相应的改变，相互作用哈密顿算符须包括电子-声子耦合部分，初态和末态须包括由声子数量决定的、总能量为 $\hbar w$ 的声子初末态，则能量传递概率（W_{nr}）可表示为式（1-5）。

$$W_{nr}=W_0\exp\left(-\Delta E/\hbar w\right) \tag{1-5}$$

式中，W_0 是两离子能量失配为零时的传递概率，ΔE 为能量失配，$\hbar w$ 为基质的声子能量。若"施主"和"受主"能级间的能量失配达到几千个 cm^{-1}，则必须考虑多声子辅助能量传递。

2. 能量传递上转换发光

　　在 1966 年前，人们认识到的稀土离子间能量传递过程的类型包含图 1-7 中的 4 种，即接受附近敏化剂离子能量的激活剂离子处于它的基态[图 1-8（a）]。后来，Auzel 提出激活剂可处于激发态[5]，如图 1-8（b）所示，这种能量传递也被称作逐次能量传递方式。能量传递概率（P_{SA}）可以描述为式（1-6）。

$$P_{SA} = \frac{2\pi}{\hbar}\left|\left\langle S^e A^0 \middle| H_{SA} \middle| S^0 A^{ee} \right\rangle\right|^2 \rho_E \tag{1-6}$$

式中，$\left| S^0 A^{ee} \right\rangle$ 为体系处在敏化剂离子为基态、激活剂离子为双重激发态情况下的波函数。从敏化剂到激活剂的能量传递，减少了敏化剂激发态上的电子数，降低了其寿命，使敏化剂的发光变得微弱甚至消失。敏化中心的激发态是通过吸收低能量光子实现的，从敏化中心的低能激发态向激活剂的高能激发态的能量传递可以使激活剂激发态能量增加一倍、两倍或三倍。当激活剂高能激发态上的激发中心电子向下跃迁时，就发射了一个高能量光子。因为激活剂离子包含几个激发态能级但只有一个基态能级，所以处在激发态能级的离子接受能量传递可以实现多光子的叠加。这说明通过能量传递进行多光子上转换是可能的。由此，人们认识到，能量差——而不是绝对能量的大小——对于离子间能量传递更为重要。发生在同一种离子间的能量传递上转换发光也称作交叉弛豫上转换发光，如图 1-8（c）所示。

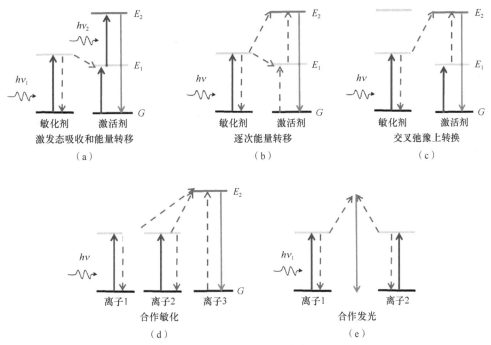

图 1-8　能量传递上转换发光过程的几种机制[27]（彩图请扫封底二维码）

除了前面所说的逐步能量传递之外，解释反斯托克斯位移发光的机制还包括离子间的多重相互作用引起的合作效应，即多个中心参与了敏化或发光的基本过程，包括合作敏化[图 1-8（d）]和合作发光[图 1-8（e）]过程。在合作敏化过程中，由两个成为一体的、处于激发态的离子储存的能量传递给一个离子，从而导致这个离子到达更高的激发态。如果发光是来源于两个处于激发态、互相作用的离子的单光子过程，则称之为合作发光，如图 1-8（e）所示。

上述所有的能量传递过程都是因为稀土离子之间的相互作用，因此它们依赖于基质中稀土离子的浓度。如果能量传递过程中，敏化中心的能量和激活中心的能量不同，声子可以参与能量传递过程来补偿这部分能量差。在实践中，可以根据能量差来决定哪种能量传递过程发生的概率更大。基于能量传递机制实现的上转换激光器，其突出的优点是使用一种频率就能达到泵浦的要求。此外，只有激光基质中的稀土离子浓度足够大，才能使离子之间发生相互作用，从而发生能量传递。

（二）能量传递上转换发光实例

Pr^{3+}能量传递上转换发光：通过两束红外光（波长分别为 1017 nm 和 835 nm）的泵浦，Pr^{3+}掺杂的氟化物玻璃可以发出波长不同的可见光。如图 1-9 所示，激发的过程为：处于基态的电子首先被 1017 nm 的泵浦光激励到激发态（$^1G_4$ 能级），随后被 835 nm 的泵浦光激励到更高的能级（$^3P_0$、$^3P_1$ 和 $^1I_6$）。处于更高激发态的电子会跃迁到不同的激发态，实现不同颜色的上转换发光。

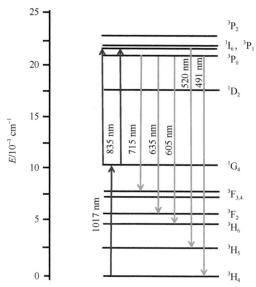

图 1-9　氟化物玻璃中 Pr^{3+} 的能级及上转换发光过程（彩图请扫封底二维码）

Yb^{3+}-Tm^{3+} 双离子体系能量传递上转换发光：图 1-10[1]中所示为 Yb^{3+}-Tm^{3+} 之间通过能量传递实现上转换发光的过程，Yb^{3+} 被 980 nm 红外光激发，吸收光子由基态（$^2F_{7/2}$ 能级）跃迁到 $^2F_{5/2}$ 能级，然后将能量传递给附近的 Tm^{3+}，回到基态的同时使得 Tm^{3+} 从基态（$^3H_6$ 能级）跃迁到 $^3H_5$ 能级，随后，另外的处于激发态的 Yb^{3+} 将能量共振传递给已经激发的 Tm^{3+}，使其跃迁到高能级，在不同的高能级以一定能量的光辐射跃迁回基态，产生上转换发光。

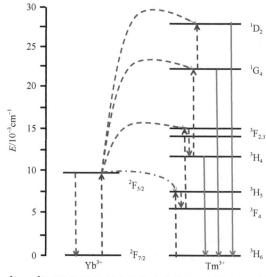

图 1-10　Yb^{3+}-Tm^{3+} 逐次能量传递上转换发光机理（彩图请扫封底二维码）

四、上转换发光材料中主要发光过程的区分

在上转换发光中，常常同时存在多种发光过程。例如，Yb-Er 共掺杂体系中，可能存在 ETU（或 APTE）及 ESA 上转换发光过程。ESA 上转换发光过程中的依次吸收是激活离子多个激发态能级的复合；而 ETU（或 APTE）上转换发光中只存在敏化离子的基态吸收过程（激发态的吸收依赖能量传递），因此激发光谱来源于敏化离子，从而可以通过激发光谱的不同判断主要的发光过程[46]。例如，在 $NaYF_4$:2%Er,18%Yb 体系中，激发光谱中只观察到了 Yb^{3+} 激发至 $^2F_{5/2}$ 能级的特征峰，这说明，上转换发光主要是由于 Yb^{3+} 敏化的 ETU 上转换发光过程贡献的。在 $NaYF_4$:2%Er 体系中[47]，激发光谱包含多种跃迁，如 $^4I_{15/2} \rightarrow {}^4I_{1/2}$ 能级的跃迁和 $^4I_{11/2} \rightarrow {}^4F_{7/2}$ 能级的跃迁，说明 Er^{3+} 对激发光子依次吸收的 ESA 上转换发光过程是主要机制。

不同上转换发光过程中对光子吸收的速率也不相同。在 ESA 上转换发光过程中，基态及中间激发态的吸收一般在小于 1 ns 时间范围内[33]，因此产生上转换发光也很快。光致发光光谱的衰减呈现单指数特征，如图 1-11（a）所示。在 ETU（或 APTE）上转换发光过程中，激活离子的发光至少经过两次能量传递过程，因此时间尺度较长，在光致发光衰减光谱中，激发脉冲停止后上转换发光强度先增大（一般的材料在微秒尺度范围内）后减小。因此，上转换发光的衰减光谱包括敏化剂的衰减速率、能量传递速率及激活离子的发光衰减速率。在 ESA 和 ETU 同时存在的材料体系中，光致发光衰减光谱呈现双指数特征[图 1-11（b）]。

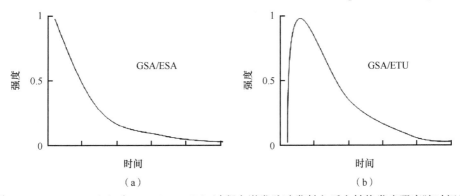

图 1-11 GSA/ESA（a）和 GSA/ETU（b）过程在激发脉冲发射之后上转换发光强度随时间的演化示意图

由于光子雪崩（PA）上转换发光过程存在激发阈值，因此可以通过发光强度与激发功率的关系判断这种发光过程是否存在。一般上转换发光过程中上转换发光强度（I）与激发功率（P）呈指数关系，不存在激发阈值。在由 PA 引起的上转换发光的 LaF_3，Er^{3+}，Yb^{3+} 体系中，如图 1-12 所示[25,48]，当激发光功率小于阈

值时，只有很少一部分上转换光产生，主要是下转换和无辐射弛豫，斜率的值很小（$n<1$）；当泵浦功率达到阈值时，可以看到斜率快速增加（$n>8$），说明 PA 过程产生的条件是泵浦功率需要达到或超过阈值。

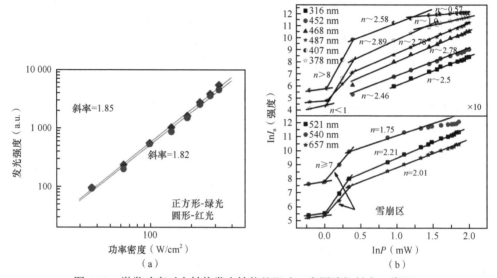

图 1-12　激发功率对上转换发光性能的影响（彩图请扫封底二维码）

（a）基于 ETU 过程的 Ho^{3+}、Yb^{3+} 掺杂锆酸镧体系中上转换发光强度随激发功率密度的变化[25]；（b）基于 PA 过程的 LaF_3:Er^{3+}/Yb^{3+} 体系上转换发光强度随激发功率的变化[48]

ETU（或 APTE）上转换与合作敏化上转换常容易被混淆。对于双光子过程，两者都与激发光强的平方成正比。如果发光能级的寿命远小于敏化剂受激能级的寿命，上转换荧光寿命等于受激能级寿命的一半。但一般来说，两者共存，而前者比后者的存在概率大得多[14]。只有在一些特殊情况下，没有实能级可供能量传递时，如 Yb^{3+}-Tb^{3+} 体系[49]，后者才是主要机制。另外，在离子簇里，合作敏化上转换概率会大一些。

还有一种合作发光过程，主要在一些有特殊结构的晶体中观测到，比如 Yb^{3+} 掺杂的 $CsCdBr_3$[50,51]、$Cs_3Y_2Br_9$[52]、$Cs_3Lu_2Br_9$[38]。在这些晶体中，比较大比例的 Yb^{3+} 成对，两个激发态 Yb^{3+} 同时放出能量，发出相应频率的上转换荧光。

第三节　稀土上转换发光颜色的调控和发光效率的优化

一、上转换发光颜色的调控

稀土上转换发光颜色的调控对其在多个领域的应用具有重要的意义，尤其是在体系比较复杂的生物识别领域中，需要稀土离子的发光可识别性较强。稀土离子的发光颜色受很多方面的影响，如掺杂离子的种类和浓度、基质的种类、制备方法等[53]。对发光颜色的调控一般通过调控掺杂离子、基质或者纳米晶尺寸实现。

（一）掺杂离子对发光颜色的调控

调控 UC 发光颜色的最有效的方法是选择不同的稀土离子。每种稀土离子具有自己独特的发光峰。表 1-2 中给出了一些经典的掺杂体系纳米晶的发光特性[54-59]。这些体系中掺杂剂均包含 Yb^{3+} 以吸收激发光。可以看出，不同的激活剂可以产生不同的发光颜色，使 UC 发光从蓝光覆盖到红光。

表 1-2　用于制造多色上转换纳米晶的典型掺杂剂-基质组合[54-59]

掺杂离子	基质	主要发光颜色及波长			参考文献
		蓝光	绿光	红光	
Tm^{3+}	α-NaYF$_4$	450，475（S）		647（W）	[54]
	β-NaYF$_4$	450，475（S）			[55]
	LaF$_3$	475（S）			[56]
	LuPO$_4$	475（S）		649（S）	[57]
Er^{3+}	α-NaYF$_4$	411（W）	540（M）	660（S）	[54]
	β-NaYF$_4$		523，542（S）	656（M）	[55]
	LaF$_3$		520，545（S）	659（S）	[56]
	YbPO$_4$		526，550（S）	657，667（S）	[57]
	Y$_2$O$_3$		524，549（W）	663，673（S）	[58]
Ho^{3+}	LaF$_3$		542（S）	645，658（M）	[56]
	Y$_2$O$_3$		543（S）	665（M）	[58]

注：S、M、W 分别代表强、适中、弱的发光强度

对于多种离子掺杂的体系，一方面可以通过改变离子种类获得不同颜色的发光；另一方面，也可调控掺杂离子的浓度实现不同颜色的光发射。掺杂浓度决定了稀土离子在基质中的数量及相互间距，对上转换发光性质具有重要的影响。例如，Liu 等[59]采用了一种多离子掺杂的方法，通过调控同一种基质（α-NaYF$_4$）中不同离子的掺杂浓度，在单一激发光波长（980 nm）下，可实现多种颜色的发光，如图 1-13 所示。通过对两种离子掺杂浓度的调控，在 980 nm 激发下，Yb/Er（18/2，摩尔分数比）共掺杂的 NaYF$_4$ 纳米粒子呈现尖锐的发光峰 [图 1-13（a）]，这些发光峰分别对应蓝光、绿光和红光发射，因此整体呈现橘黄光[图 1-13（k）]。提高 Yb^{3+} 掺杂浓度，减少了 Yb-Er 离子间距，促进了 Er^{3+} 到 Yb^{3+} 的反向能量传递，抑制了 $^2H_{9/2}$、$^2H_{11/2}$ 和 $^4S_{3/2}$ 能级的激发，导致蓝光（$^2H_{9/2} \rightarrow {}^4I_{15/2}$）和绿光（$^2H_{11/2}$、$^4S_{3/2} \rightarrow {}^4I_{15/2}$）强度的降低[图 1-13（c）]。通过增大 Yb^{3+} 掺杂浓度精确调控这三种

颜色的发光强度，可以实现多种颜色的发光[图 1-13（e）～图 1-13（n）]。

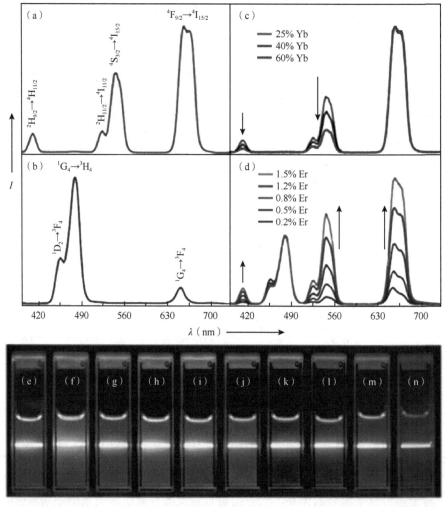

图 1-13　在乙醇溶液（10 mmol/L）中的纳米颗粒在常温下的上转换发射光谱（彩图请扫封底二维码）

（a）NaYF$_4$:Yb^{3+},Er^{3+}（18/2，摩尔分数比）；（b）NaYF$_4$:Yb^{3+},Tm^{3+}（20/0.2，摩尔分数比）；（c）NaYF$_4$:Yb^{3+},Er^{3+}（25～60/2，摩尔分数比）；（d）NaYF$_4$:Yb^{3+},Tm^{3+},Er^{3+}（20/0.2/0.2～1.5，摩尔分数比）；（c）和（d）中的光谱分别在 Er^{3+} 660 nm 和 Tm^{3+} 480 nm 处进行归一化处理；（e～n）为在 980 nm 激发光下的胶体溶液发光照片：（e）NaYF$_4$:Yb^{3+},Tm^{3+}（20/0.2，摩尔分数比）、（f～j）NaYF$_4$:Yb^{3+},Tm^{3+},Er^{3+}（20/0.2/0.2～1.5，摩尔分数比）、（k～n）NaYF$_4$:Yb^{3+},Er^{3+}（18～60/2，摩尔分数比）[59]

　　通过三种离子的掺杂（NaYF$_4$:Yb/Er/Tm）实现双发射过程，也可实现 UC 发光颜色在可见光区域的调控。通过添加两种发射离子（Tm^{3+} 和 Er^{3+}），调控它们的掺杂浓度，可以精确控制两种离子发光的相对强度[图 1-13（d）]，实现对发光颜色从蓝光到白光的调控[图 1-13（f）～图 1-13（j）][59]。

（二）基质对发光颜色的影响

由于掺杂稀土离子在不同基质中对称性的不同，发光颜色在不同的基质中也会有所不同。从表 1-2 中也可以看出，对于同一种激活剂离子，在不同基质中产生的发光颜色也有所不同。

在多种离子掺杂的体系中，相同掺杂浓度下，不同的基质也体现了不同的发光颜色。例如，在 Ho^{3+}、Yb^{3+} 共掺杂的体系中[25]，在锆酸盐基质中，处于 550 nm 左右 Ho^{3+}，$^5S_2$ 至 $^5I_8$ 的绿光发射强度相对在硅酸盐基质中更强，如图 1-14 所示。这可能与锆酸盐基质较低的声子能量有关，导致多声子弛豫过程 $Ho^{3+}(^5I_6) \rightarrow Ho^{3+}$ $(^5I_7)$ 的跃迁较慢（对应红光发射），从而在锆酸盐基质中绿光发射强度较强而红光发射强度相对较弱。

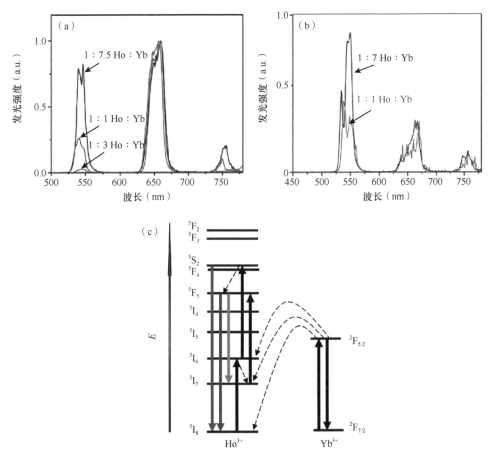

图 1-14　基质对上转换发光颜色的影响及其机制（彩图请扫封底二维码）

Yb^{3+}、Ho^{3+}共掺的硅酸化合物（a）和锆酸化合物（b）的上转换发光光谱，在 Ho^{3+}红色发光峰处进行归一化；

（c）上转换发光机制[25]

（三）纳米晶尺寸

在纳米晶粒子的 UC 发光中，发光颜色还可通过纳米晶尺寸进行调控。例如，Capobianco 等[60]发现相比体材料，20 nm Y_2O_3:Yb/Er 纳米粒子的红光发射强度增强。在 $NaGdF_4$:Yb/Tm 纳米粒子中，纳米粒子尺寸从 25 nm 降低到 10 nm，蓝光（$^1G_4$-$^3H_6$，480 nm 左右）与近红外光（$^3H_4$-$^3H_6$，800 nm 左右）相对发光强度降低，发光颜色相应发生变化，如图 1-15 所示[61]。

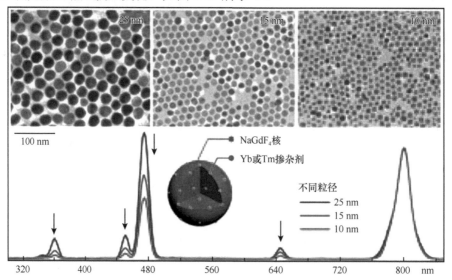

图 1-15　$NaGdF_4$ 作为核、Yb^{3+} 或 Tm^{3+}（25/0.3，摩尔分数比）作为掺杂剂的不同粒径纳米颗粒在己烷溶液中的上转换发光光谱及对应的透射电子显微镜图像（彩图请扫封底二维码）
Tm^{3+} 的发光在 800 nm 处进行归一化处理，激发光波长为 980 nm，功率密度为 10 W/cm^2[61]

由于镧系金属离子掺杂的纳米晶具有非常小的激子玻尔半径，上转换发光纳米晶尺寸对发光颜色的调控与其他尺寸调控的量子点材料发光的机理不同，主要是来源于表面效应而不是量子尺寸效应[62]。当纳米晶尺寸减小时，表面掺杂离子浓度增大。因此，改变纳米晶尺寸可以调控表面和体内离子的发光强度，同时，由于发光光谱为表面和体内离子发光光谱的叠加，从而实现发光颜色的变化。

（四）激发特性对发光颜色的调控

由于不同离子的 UC 发光对激发光的响应不同，因此可以在多种离子存在的体系中改变激发光的特性，从而实现不同离子的发光、获得不同的发光颜色。例如，Deng 等[63]利用不同波长的激光激发 $NaYF_4$ 体系的核壳结构上转换发光纳米颗粒（up-converting phosphor nanoparticle，UCNP），在 808 nm 激发光下，Yb^{3+} 被激发而后将能量传递给 Tm^{3+}，获得了掺杂 Yb^{3+}/Tm^{3+} 的第一个壳层的蓝光发射；

在 980 nm 激发光下，第三个壳层中掺杂的 Yb/Ho/Ce 被激活，产生了 Ho^{3+} 的红光发射。因此，通过调控激发光的波长可以获得多种颜色的发光。

二、上转换纳米晶发光效率的优化

UC 发光效率是 UC 材料的一个核心性能，高 UC 发光效率可以提升上转换纳米晶在生物应用中的可检测性。从原理上说，UC 发光效率与发光中心的能级结构、掺杂浓度、基质特性等因素有关，对于上转换纳米晶来说，还与纳米晶尺寸、表面钝化等有关。以下主要针对上转换纳米晶发光效率提升的一些手段进行介绍。

（一）纳米晶核壳结构的影响

大多数情况下，上转换纳米晶相比体材料发光效率更低，这是由较多的表面无辐射复合引起的，因为更小尺寸的纳米晶具有更大的比表面积。因此，增大纳米晶尺寸可以提升纳米晶发光效率。然而，这种方法对发光效率的提升是有限的，过大的尺寸将限制纳米晶的应用范围。采用核壳结构是减少无辐射复合损失的一个有效策略，许多基于核壳结构的材料，如 $NaYF_4$:Yb,Er/Tm@$NaYF_4$[64]、$NaYF_4$:Yb,Er@$NaGdF_4$[65]、$NaGdF_4$:Yb,Tm@$NaGdF_4$[66]、KYF_4:Yb,Er@KYF_4[67]、YOF:Yb,Er@YOF[68]等，可以提升 UC 发光效率。在这些核壳结构中，壳材料一般采用与核材料类似晶格常数的材料。相比未经壳层保护的纳米晶，核壳结构纳米晶具有更高的 UC 发光强度。另外，在壳层中掺杂稀土离子可以进一步提升 UC 发光强度，如 β-$NaYF_4$:Yb,Tm@β-$NaYF_4$:Yb,Er 核壳结构[69]等。

（二）基质材料

基质晶格的调控可以引起稀土离子附近晶体场对称性的增强，从而增大电偶极跃迁概率和辐射发光强度。研究发现，在对 Yb/Er 掺杂 $BaTiO_3$ 薄膜施加外场以降低 Er^{3+} 周围晶体场对称性的情况下，绿光发射增强了 2.5 倍[70]，证明了晶体场对称性的改变对发光强度的影响。在基质晶格中掺杂一些比较小的离子，如 Li^+，可以改变晶格常数，从而实现 UC 发光增强 1~2 个数量级[71]。

（三）其他提升机制

表面等离子体耦合发光（surface-plasmon-coupled emission，SPCE）：在 UCNP 表面附着 Ag 或者 Au 纳米粒子，利用金属纳米结构的表面等离激元效应提升辐射复合速率，可以提高 UC 发光强度，这种现象称为表面等离激元耦合发光。例如，Yan 等[72]首次在 $NaYF_4$:Yb,Er 纳米晶中观察到 Ag 纳米线增强的 UC 发光，并且红光（650 nm）处的发光强度提升幅度高于绿光（550 nm）。$NaYF_4$:Yb,Tm 体系纳米粒子的发光强度可以通过 Au 壳提升 8 倍[7]。等离激元对 UC 性能的提升依赖于金属纳米结构的等离激元能量以及其与 UC 离子之间的距离。

利用染料提升 UC 发光效率：一些研究表明，采用染料与 UCNP 复合，可以增加光吸收界面及吸收带宽，从而提升 UC 发光效率。例如，Garfield 等[73]利用 IR806 染料吸附在 NaGdF₄ 基质表面，相比无染料敏化情况下，将 Yb³⁺发光亮度提升了 33 000 倍，发光效率提升了 100 倍。

参 考 文 献

[1] 徐叙瑢, 苏勉曾. 发光与发光学材料. 北京: 化学工业出版社, 2004.

[2] Zhu X, Su Q, Feng W, et al. Anti-Stokes shift luminescent materials for bio-applications. Chem Soc Rev, 2017, 46(4): 1025-1039.

[3] O'Brien B. Development of infra-red sensitive phosphors. JOSA, 1946, 36(7): 369-371.

[4] Bloembergen N. Solid state infrared quantum counters. Phys Rev Lett, 1959, 2(3): 84-85.

[5] Auzel F. Compteur quantique par transfert d'energie entre deux ions de terres rares dans un tungstate mixte et dans un verre. CR Acad Sci Paris, 1966, 262: 1016-1019.

[6] Cresswell P J, Robbins D J, Thomson A J. Rhenium (Ⅳ) as a sensitizer for two-step blue up-converters. J Lumin, 1978, 17(3): 311-324.

[7] Zhou J, Liu Z, Li F. Upconversion nanophosphors for small-animal imaging. Chem Soc Rev, 2012, 41(3): 1323-1349.

[8] Auzel F E. Materials and devices using double-pumped-phosphors with energy transfer. Proc IEEE, 1973, 61(6): 758-786.

[9] Chivian J S, Case W E, Eden D D. The photon avalanche: a new phenomenon in Pr³⁺-based infrared quantum counters. Appl Phys Lett, 1979, 35(2): 124-125.

[10] Moncorgé R, Auzel F, Breteau J M. Excited state absorption and energy transfer in the infrared laser material MgF₂: Ni²⁺. Philos Mag B, 2006, 51(5): 489-499.

[11] Auzel F. Upconversion and anti-Stokes processes with f and d ions in solids. Chem Rev, 2004, 104(1): 139-173.

[12] Fujimoto Y, Nakanishi J, Yamada T, et al. Visible fiber lasers excited by GaN laser diodes. Progress in Quantum Electronics, 2013, 37(4): 185-214.

[13] Huang X, Han S, Huang W, et al. Enhancing solar cell efficiency: the search for luminescent materials as spectral converters. Chem Soc Rev, 2013, 42(1): 173-201.

[14] Auzel F. Upconversion processes in coupled ion systems. J Lumin, 1990, 45(1-6): 341-345.

[15] Nakazawa E, Shionoya S. Cooperative Luminescence in YbPO₄. Phys Rev Lett, 1970, 25(25): 1710-1712.

[16] Auzel F, Pecile D. Comparison and efficiency of materials for summation of photons assisted by energy transfer. J Lumin, 1973, 8(1): 32-43.

[17] Auzel F. Rare earth doped vitroceramics: new, efficient, blue and green emitting materials for infrared up-conversion. J Electrochem Soc, 1975, 122(1): 101.

[18] Page R H, Schaffers K I, Waide P A, et al. Upconversion-pumped luminescence efficiency of rare-earth-doped hosts sensitized with trivalent ytterbium. Advanced Solid State Lasers, 1998, 3(15): 996-1008.

[19] Chamarro M A, Cases R. Energy up-conversion in(Yb, Ho)and(Yb, Tm)doped fluorohafnate glasses. J Lumin, 1988, 42(5): 267-274.

[20] Wu X, Denis J P, Özen G, et al. Infrared-to-visible conversion luminescence of Tm^{3+} and Yb^{3+} ions in glass ceramics. J Lumin, 1994, 60-61: 212-215.

[21] Hubert S, Song C L, Genet M, et al. Up conversion process in U^{4+}-doped $ThBr_4$ and $ThCl_4$. J Solid State Chem, 1986, 61(2): 252-259.

[22] Salley G M, Valiente R, Guedel H U. Luminescence upconversion mechanisms in Yb^{3+}-Tb^{3+} systems. J Lumin, 2001, 94-95: 305-309.

[23] Auzel F, Pecile D. Absolute efficiency for IR to blue conversion materials and theoretical prediction for optimized matrices. J Lumin, 1976, 11(5-6): 321-330.

[24] Hehlen M P, Phillips M L F, Cockroft N J, et al. Encyclopedia of materials: science and technology. Elsevier Science Ltd, 2001, 4: 9956.

[25] Sangeetha N M, van Veggel F C J M. Lanthanum silicate and lanthanum zirconate nanoparticles Co-doped with Ho^{3+} and Yb^{3+}: matrix-dependent red and green upconversion emissions. J Phys Chem C, 2009, 113(33): 14702-14707.

[26] Martín I R, Rodríguez V D, Lavín V, et al. Infrared, blue and ultraviolet upconversion emissions in Yb^{3+}-Tm^{3+}-doped fluoroindate glasses. Spectrochim Acta Part A, 1999, 55(5): 941-945.

[27] Malinowski M, Frukacz Z, Szuflińska M, et al. Optical transitions of Ho^{3+} in YAG. J Alloys Compd, 2000, 300-301: 389-394.

[28] Méndez-Ramos J, Lavín V, Martín I R, et al. Optical properties of Er^{3+} ions in transparent glass ceramics. J Alloys Compd, 2001, 323-324: 753-758.

[29] Ofelt G S. Intensities of crystal spectra of rare-earth ions. J Chem Phys, 1962, 37(3): 511-520.

[30] Lee W I, Bae Y, Bard A J. Strong blue photoluminescence and ECL from OH-terminated PAMAM dendrimers in the absence of gold nanoparticles. Journal of the American Chemical Society, 2004, 126(27): 8358-8359.

[31] Rohwer L S, Martin J E. Measuring the absolute quantum efficiency of luminescent materials. J Lumin, 2005, 115(3-4): 77-90.

[32] Kaminskii A A. Laser Crystals: Their Physics and Properties. Berlin, Heidelberg:Springer. 2013: 14.

[33] Zhao J, Zheng X, Schartner E P, et al. Upconversion nanocrystals doped glass: a new paradigm

for integrated optical glass. Australian Conference on Optical Fibre Technology, 2016, AM5C: 7.

[34] Han S, Deng R, Xie X, et al. Enhancing luminescence in lanthanide-doped upconversion nanoparticles. Angewandte Chemie, 2014, 53(44): 11702-11715.

[35] Zhao C, Kong X, Liu X, et al. Li$^+$ ion doping: an approach for improving the crystallinity and upconversion emissions of NaYF$_4$: Yb^{3+}, Tm^{3+} nanoparticles. Nanoscale, 2013, 5(17): 8084-8089.

[36] ang J T, Chen L, Li J, et al. Selectively enhanced red upconversion luminescence and phase/size manipulation via Fe^{3+} doping in NaYF$_4$: Yb, Er nanocrystals. Nanoscale, 2015, 7(35): 14752-14759.

[37] Song E, Chen Z, Wu M, et al. Room-temperature wavelength-tunable single-band upconversion luminescence from Yb^{3+}/Mn^{2+} codoped fluoride perovskites ABF$_3$. Adv Opt Mater, 2016, 4(5): 798-806.

[38] Hehlen M P, Güdel H U, Shu Q, et al. Cooperative optical bistability in the dimer system Cs$_3$Y$_2$Br$_9$: 10% Yb^{3+}. J Chem Phys, 1996, 104(4): 1232-1244.

[39] Krasutsky N J. 10-μm samarium based quantum counter. J Appl Phys, 1983, 54(3): 1261-1267.

[40]Pelletier-Allard N, Pelletier R. An internal quantum counter for lifetime measurements. Opt Commun, 1991, 81(3-4): 247-250.

[41] Kueny A W, Case W E, Koch M E. Nonlinear-optical absorption through photon avalanche. Journal of the Optical Society of America B, 1989, 6(4): 639.

[42] Guy S, Joubert M F, Jacquier B. Blue upconverted fluorescence via photon-avalanche pumping in YAG: Tm. Physica Status Solidi(B), 1994, 18(1): K33-K36.

[43] Joubert M F. Photon avalanche upconversion in rare earth laser materials. Opt Mater, 1999, 11(2-3): 181-203.

[44] Kueny A W, Case W E, Koch M E. Infrared-to-ultraviolet photon-avalanche-pumped upconversion in Tm: LiYF$_4$. Journal of the Optical Society of America B, 1993, 10(10): 1834.

[45] Förster T. Intermolecular energy transfer and fluorescence. Ann Phys Leipzig, 1948, 2: 55-75.

[46] Nadort A, Zhao J, Goldys E M. Lanthanide upconversion luminescence at the nanoscale: fundamentals and optical properties. Nanoscale, 2016, 8(27): 13099-13130.

[47] Suyver J F, Aebischer A, Biner D, et al. Novel materials doped with trivalent lanthanides and transition metal ions showing near-infrared to visible photon upconversion. Opt Mater, 2005, 27(6): 1111-1130.

[48] Singh A K, Kumar K, Pandey A C, et al. Photon avalanche upconversion and pump power studies in LaF$_3$: Er^{3+}/Yb^{3+} phosphor. Appl Phys B, 2011, 104(4): 1035-1041.

[49] Kaplyanskii A. Spectro-scopy of Solids Containing Rare Earth Ions. Elsevier Science Ltd. 1987.

[50] Hehlen M P, Kuditcher A, Rand S C, et al. Site-selective, intrinsically bistable luminescence of Yb^{3+}ion pairs in CsCdBr$_3$. Phys Rev Lett, 1999, 82(15): 3050-3053.

[51] Goldner P, Pellé F, Auzel F. Theoretical evaluation of cooperative luminescence rate in Yb^{3+}: CsCdBr$_3$ and comparison with experiment. J Lumin, 1997, 72-74: 901-903.

[52] Lüthi S R, Hehlen M P, Riedener T, et al. Excited-state dynamics and optical bistability in the dimer system Cs$_3$Lu$_2$Br$_9$: Yb^{3+}. J Lumin, 1998, 76-77: 447-450.

[53] Hutchinson J A, Allik T H. Diode array-pumped Er, Yb: Phosphate glass laser. Appl Phys Lett, 1992, 60(12): 1424-1426.

[54] Heer S, Kömpe K, Güdel H U, et al. Highly efficient multicolour upconversion emission in transparent colloids of lanthanide-doped NaYF$_4$ nanocrystals. Adv Mater, 2004, 16(23-24): 2102-2105.

[55] Yi G S, Chow G M. Synthesis of hexagonal-phase NaYF$_4$: Yb, Er and NaYF$_4$: Yb, Tm nanocrystals with efficient up-conversion fluorescence. Adv Funct Mater, 2006, 16(18): 2324-2329.

[56] Liu C, Chen D. Controlled synthesis of hexagon shaped lanthanide-doped LaF$_3$ nanoplates with multicolor upconversion fluorescence. J Mater Chem, 2007, 17(37): 3875.

[57] Heer S, Lehmann O, Haase M, et al. Blue, green, and red upconversion emission from lanthanide-doped LuPO$_4$ and YbPO$_4$ nanocrystals in a transparent colloidal solution. Angewandte Chemie, 2003, 42(27): 3179-3182.

[58] Qin X, Yokomori T, Ju Y. Flame synthesis and characterization of rare-earth(Er^{3+}, Ho^{3+}, and Tm^{3+})doped upconversion nanophosphors. Appl Phys Lett, 2007, 90(7): 073104.

[59] Wang F, Liu X. Recent advances in the chemistry of lanthanide-doped upconversion nanocrystals. Chem Soc Rev, 2009, 38(4): 976-989.

[60]Vetrone F, Boyer J C, Capobianco J A, et al. Significance of Yb^{3+} concentration on the upconversion mechanisms in codoped Y$_2$O$_3$: Er^{3+}, Yb^{3+} nanocrystals. J Appl Phys, 2004, 96(1): 661-667.

[61] Wang F, Wang J, Liu X. Direct evidence of a surface quenching effect on size-dependent luminescence of upconversion nanoparticles. Angewandte Chemie, 2010, 49(41): 7456-7460.

[62]Li L L, Zhang R, Yin L, et al. Biomimetic surface engineering of lanthanide-doped upconversion nanoparticles as versatile bioprobes. Angewandte Chemie, 2012, 51(25): 6121-6125.

[63] Deng R, Qin F, Chen R, et al. Temporal full-colour tuning through non-steady-state upconversion. Nat Nanotechnol, 2015, 10(3): 237-242.

[64] Liu C, Wang H, Li X, et al. Monodisperse, size-tunable and highly efficient β-NaYF$_4$: Yb, Er(Tm)up-conversion luminescent nanospheres: controllable synthesis and their surface modifications. J Mater Chem, 2009, 19(21): 3546.

[65] Guo H, Li Z, Qian H, et al. Seed-mediated synthesis of NaYF$_4$: Yb, Er/NaGdF$_4$ nanocrystals with improved upconversion fluorescence and MR relaxivity. Nanotechnology, 2010, 21(12): 125602.

[66] Park Y I, Kim J H, Lee K T, et al. Nonblinking and nonbleaching upconverting nanoparticles as

an optical imaging nanoprobe and T1 magnetic resonance imaging contrast agent. Adv Mater, 2009, 21(44): 4467-4471.

[67] Schäfer H, Ptacek P, Zerzouf O, et al. Synthesis and optical properties of KYF$_4$/Yb, Er nanocrystals, and their surface modification with undoped KYF$_4$. Adv Funct Mater, 2008, 18(19): 2913-2918.

[68] Peng G, Yi Y, Gao Z. Strong Red-emitting near-infrared-to-visible upconversion fluorescent nanoparticles. Chem Mater, 2011, 23(11): 2729-2734.

[69] Qian H S, Zhang Y. Synthesis of hexagonal-phase core-shell NaYF$_4$ nanocrystals with tunable upconversion fluorescence. Langmuir: The ACS Journal of Surfaces and Colloids, 2008, 24(21): 12123-12125.

[70] Hao J, Zhang Y, Wei X. Electric-induced enhancement and modulation of upconversion photoluminescence in epitaxial BaTiO$_3$: Yb/Er thin films. Angew Chem Int Edit, 2011, 123(30): 7008-7012.

[71] Chen G, Liu H, Liang H, et al. Upconversion emission enhancement in Yb^{3+}/Er^{3+}-codoped Y$_2$O$_3$ nanocrystals by tridoping with Li$^+$ ions. J Phys Chem C, 2008, 112(31): 12030-12036.

[72] Feng W, Sun L D, Yan C H. Ag nanowires enhanced upconversion emission of NaYF$_4$: Yb, Er nanocrystals via a direct assembly method. Chem Commun(Camb), 2009, (29): 4393-4395.

[73] Garfield D J, Borys N J, Hamed S M, et al. Enrichment of molecular antenna triplets amplifies upconverting nanoparticle emission. Nat Photonics, 2018, 12(7): 402-407.

第二章 上转换发光纳米材料的合成与制备

乔 泊[1] 赵谡玲[1] 郑 岩[2]

上转换发光是吸收两个或者多个低能量的红外光子而发射出高能量的可见光甚至紫外光的现象,这种现象主要是通过在不同基质材料中掺杂不同的稀土离子,通过红外光的激发而实现的稀土离子红、绿、蓝甚至紫外的发光。由于稀土离子的电子层结构与其他离子相比存在独特性,所以稀土离子一般都具有良好的荧光发光性能。

在上转换发光中,发光中心大都是稀土离子,集中在 Tm^{3+}、Er^{3+}、Ho^{3+}、Pr^{3+}、Nd^{3+} 和 Sm^{3+} 等稀土离子上。因为稀土离子具有丰富的能级,特别是在晶体中,晶体场作用使得每一个能级进一步分裂,增加了能级的密集程度,导致能级匹配机会增多。同时,稀土离子间的能量传递、浓度猝灭的可能性较大,因此上转换材料的研制过程中既要考虑上转换通道,选择合适的激发波长和能级匹配,又要根据上转换通道选择适合声子能量的基质材料,避免无辐射跃迁。为了提高对红外光的吸收效率,常常在基质材料中共掺杂敏化中心离子,最常用的敏化中心离子是 Yb^{3+},因为 Yb^{3+} 的能级结构简单,同其他稀土离子的能级容易匹配。

稀土离子掺杂的上转换发光材料已有上百种,根据基质材料组分的不同,可分为氟化物、卤氧化物、氧化物和复合氧化物。其中氟化物在上转换发光材料中占有重要地位,其基质材料的声子能量小,上转换发光效率明显高于其他材料。根据基质材料结构的不同,上转换发光材料的基质材料根据结构不同可分为玻璃、陶瓷、多晶和单晶。根据基质材料尺寸的大小又可分为块状材料、微米材料和纳米材料。随着纳米技术的兴起,当上转换发光材料实现纳米化之后,其相关研究也逐渐成为热点。相比于传统的荧光或者量子点材料,利用近红外光作为激发光源的稀土掺杂上转换纳米发光材料,是一种特殊的稀土发光材料,主要表现在它是一种典型的反斯托克斯发光材料,并且它具有较大的反斯托克斯位移,与常见的斯托克斯发光材料有着明显的不同。这种近红外光的激发光源不同于传统的紫外光激发光源,继承了红外光的许多优良特性,因此上转换发光纳米材料在生物医学方面的应用有着独特的优势,这主要是因为:首先,近红外光处于生物组织光学窗口内,可以很有效地穿透生物组织;其次,生物组织内的有机物对近红外光吸收率极低,不容易被激发,更加不容易产生自身的上转换发光,所以上转换

1 乔 泊 赵谡玲 北京交通大学发光与光信息技术教育部重点实验室,北京交通大学光电子技术研究所
2 郑 岩 上海科润光电技术有限公司

发光纳米材料在生物体内产生的上转换发光信号具有极高的信噪比，是生物成像和医学检测的优良探针；最后，紫外光对生物组织的伤害较大，而近红外光相对安全，即使用较高功率的激光照射生物组织，也只会产生较低的发热效果。以上这些优点都使得上转换发光纳米材料在生物成像、生物检测、光动力治疗、靶向运输等生物应用方面有着非常广阔的前景。此外，上转换发光纳米材料在太阳能电池、3D 显示、离子检测、照明等领域也有着广泛的应用。

第一节　上转换发光纳米材料的组成

早在 20 世纪 50 年代末，CdS 的上转换发光现象就已经被人们观察到[1]。Zhang 等[2]更是发现了敏化剂 Yb^{3+} 对 Ho^{3+} 等多种发光粒子的发光性能的影响。自此，人们开始在理论和实验两方面对上转换发光材料的多种性能进行分析表征。尤其是 2004 年 Gudel 等报道了纳米上转换发光材料以来[3]，纳米上转换发光材料的研究又一次掀起了高潮。无论是体材料还是纳米材料，上转换发光材料主要由两大部分组成：基质（host material）和发光中心（luminescence center），其中发光中心又包括敏化剂和激活剂，只有具有较长激发态寿命的发光中心才可以进行有效的上转换发光。而镧系稀土离子的激发态平均寿命比一般离子的激发态寿命要长，因此通常选择镧系稀土离子来作为发光中心，通过单掺杂或者双掺杂的形式，获得高效、稳定的上转换发光材料。单掺杂上转换发光材料通常由激活剂和基质组成，而双掺杂则是在激活剂和基质的基础上多了敏化剂这一组分。下面将逐一介绍这三种组分。

一、基质

基质是上转换发光纳米材料的主体材料。正常情况下，基质是不参与发光的，也就是不参与发光中心电子能级之间的跃迁，其主要作用是为发光中心提供合适的晶体场环境，使发光中心产生特定的发射。但是，基质材料的晶体结构决定了掺杂离子之间的距离和它们的空间位置，同时也决定了掺杂离子的配位数和它们周围的阴离子类型。因此，基质的晶格结构及其同掺杂离子之间的相互作用影响掺杂离子的上转换发光特性。一般地，选择基质材料的依据主要有以下几个方面：①基质材料对激发光和发射光来说要有很高的透明度，因此大多数基质材料都具有宽带隙，可以允许紫外光到红外光的透射，如 YF_3 可以提供 >10 eV 的宽带隙；②基质材料能否进行镧系稀土离子的掺杂，镧系稀土离子在基质材料中的固溶度要高；③基质材料的声子能量的大小，避免声子能量大小与发射光子或者激发光子能量大小相近，光子被基质材料吸收，导致上转换发光效率降低；④基质材料需要具有一定的化学稳定性和热稳定性，减少发生化学反应的概率；⑤基质材料需要具有一定的机械强度,以降低被机械破坏的可能。所有三价的稀土离子都体现了类似的离子半径和化学特性,因此它们的无机化合物是掺杂镧系稀土离子实现上转换发光的理想基质材料,通常选择 Y、Gd、Lu 和 La 等元素作为基质元素。另外,碱土金属离子(如 Ca^{2+}、Sr^{2+}、Ba^{2+})及一些过渡金属离子(如 Zr^{4+}、Ti^{4+})同镧系离子也具有相近的离子半径[4],避免了晶体缺陷及晶格应力的产生,因此一些包含这些离子的无机化合物也经常被用作上转换发光基质材料[5-8],如 $NaYF_4$[9]、Y_2O_3[10]、YF_3、CaF_2[5]。但是,镧系稀土离子掺杂在这些材料中通常会伴随着缺陷的产生,如阳离子空位缺陷,而间隙阴离子通常用来平衡电中性。

由第一章内容我们可知,三价镧系稀土离子(Ln^{3+})的 4f-4f 能级之间的跃迁是宇称禁戒的,但是当它们被化合物或者无机晶格包围时,由于掺杂离子处在晶格中不同的位置上,受到的晶体场作用不同,在非对称晶体场中,Ln^{3+} 的 f 态可以与其他具有相反宇称的离子态相互作用,造成一定奇宇称组态的混合,宇称禁戒定则可以部分被打破,这种混合的组态来自发光中心点对称的变化,这对 Ln^{3+} 的 4f-4f 能级跃迁是有利的,使得原本禁阻的 4f-4f 电偶极跃迁变为允许,因此基质材料的晶体结构对上转换效率的影响非常大,对基质晶体不对称性的改进是提高上转换发光效率的一个重要手段。在低对称稀土离子掺杂中心的基质材料中,诸如在六方相 $NaYF_4$ 中就比在具有反转对称相 $NaYF_4$ 中的吸收和发射截面大一个量级左右,上转换发光强度更强[11]。因此,可以通过调节发光中心在无机基质材料中的局域晶体场来调控上转换发光,但这种调节作用可能会改变发光中心之间的空间距离,产生多余的多声子交叉弛豫和其他能量传递过程。另外一种非常有效的提高上转换发光效率的方式是,掺杂其他光学性质不活泼的离子来补偿对晶体场的调控产生的副作用。通常,这些不活泼离子的选择主要需要考虑的是阳离子半径和价态是否匹配。很多碱金属和过渡金属离子通常用来调控稀土离子在基质中的局域晶体场。因为 Li^+ 具有比较小的阳离子半径,所以被认为是随机分布在晶体格点上或者是以间隙离子形式分布在晶格中,这使得 Li^+ 适合用来调整基质晶格的局域晶体场。Zhang 等首次报道了在 Y_2O_3 中掺杂 Li^+,把 Er^{3+} 的上转换发光强度提高了 25 倍,这主要是 Li^+ 的掺杂打破了稀土离子周围晶体场的对称性,导致发光强度增强[12]。随后,各种在不同基质中通过调整稀土离子局域晶体场来增强上转换发光的研究相继报道,诸如在 $NaYF_4$:Yb,Er 纳米颗粒里掺杂 80% 的 Li^+,上转换发光增强了 30 倍[13];在保证粒径基本没有变化的前提下,通过在 $NaYF_4$:Yb,Er 中共掺杂 Li^+ 和 K^+ 提高了上转换发光强度[14]。另外,基质的晶体结构决定了材料的声子图谱,这描述了晶体中允许的振动模式。激发态电子可以通过发射声子或者声子辅助非共振能量传递的形式无辐射弛豫到低能级。氟化物经常被用作上转换纳米基质材料,就是因为它们具有比较低的声子能量($\leq 600\ cm^{-1}$),这限制了无辐射多声子弛豫的路径。

二、激活剂

激活剂是上转换发光纳米材料的发光中心。其作为整个材料荧光的来源，要求激活剂离子具有丰富的能级，而且需要中间态具有较长的能级寿命。当激活剂处于基态的电子吸收能量被激发到中间态上时，这些处于中间态上的电子可以进一步吸收激发光子，或者通过被激发了的敏化剂、其他激活剂离子之间的能量传递进一步被激发到更高的能级，然后退激发回到基态，从而发生上转换发光。另外，为了避免激活剂之间的交叉弛豫导致的发光猝灭，激活剂的掺杂浓度不能太高，也就是激活剂离子之间的平均距离不能太近。

三价的镧系稀土离子是实现上转换发光最好的激活剂，它们的吸收和发射光谱主要源于 4f 电子的跃迁，并且 4f 电子与基质之间的相互作用很小。因为这些稀土离子都具有丰富的、类似阶梯状的能级，能级之间的能量差分别对应着红外光子或可见光子的能量，同一能级的劈裂很窄，大概在 $10\sim100\ \text{cm}^{-1}$。另外，很多镧系稀土离子的中间能级寿命都比较长（$10\ \mu\text{s}\sim10\ \text{ms}$），有利于这些能级上的电子进一步吸收能量跃迁到更高的能级上而发光。镧系稀土离子 Pr^{3+}、Tb^{3+}、Sm^{3+}、Nd^{3+}、Ho^{3+}、Tm^{3+} 和 Er^{3+} 是常见的激活剂，在这些稀土离子中，Er^{3+} 的上转换发光性能最好，研究得最多。除了 La^{3+}（$4f^{0}$）、Ce^{3+}（$4f^{1}$）和 Lu^{3+}（$4f^{14}$）外，其他镧系稀土离子通过合适的能量传递过程，也都可以实现上转换发光。但一些稀土离子，诸如 Nd^{3+}、Pr^{3+}、Sm^{3+} 等离子的上转换发光性能很弱，因为这些离子内部的无辐射弛豫概率很大。由于缺少寿命较长的中间态，Eu^{3+} 和 Tb^{3+} 不能吸收合适的能量使得电子向更高的能级跃迁，因此不能通过能量传递过程实现上转换发光，但是在 Yb^{3+}-Eu^{3+}/Yb^{3+}-Tb^{3+} 共掺杂体系中也观察到了上转换发光，这种实现上转换发光的机制被证明是合作能量传递（cooperative energy transfer，CET）过程[15]。Yb^{3+} 因为缺少阶梯状的激发态能级，虽然常被用来作为敏化剂，但在单掺杂 Yb^{3+} 的纳米材料中也观察到了来自 Yb^{3+}-Yb^{3+} 络合体的上转换发光[16]。另外一种比较特殊的离子是 Gd^{3+}，其第一激发态能量（约 $32\ 224\ \text{cm}^{-1}$）远远高于其他镧系离子，因此很难通过其他离子之间的能量传递实现上转换发光，即使是 Yb^{3+}-Yb^{3+} 络合物也很难把能量传递给 Gd^{3+}。有文献报道在 Gd^{3+} 上观察到的上转换发光是来自 Tm^{3+} 更高激发态的能量传递[17]。

表 2-1 列举了一些稀土离子的上转换发光波长及其对应的能量传递过程。

表 2-1　通过不同掺杂离子制备的稀土上转换纳米发光材料的发光波长和相关能量传递过程[3,18-35]

掺杂离子	发光波长（nm）	能量传递过程
Pr^{3+}	489、526、548、618、652、670、732、860	$^{3}P_{0}\rightarrow{}^{3}H_{4}$，$^{1}I_{6}\rightarrow{}^{3}H_{5}$，$^{3}P_{0}\rightarrow{}^{3}H_{5}$，$^{3}P_{0}\rightarrow{}^{3}H_{6}$，$^{3}P_{0}\rightarrow{}^{3}F_{2}$，$^{3}P_{1}\rightarrow{}^{3}F_{3}$，$^{3}P_{0}\rightarrow{}^{3}F_{4}$，$^{1}I_{6}\rightarrow{}^{1}G_{4}$

掺杂离子	发光波长（nm）	能量传递过程
Nd^{3+}	430、482、525、535、580、600、664、766	$^2P_{1/2} \rightarrow {}^4I_{9/2}$，$^2P_{1/2} \rightarrow {}^4I_{11/2}$，$^2P_{1/2} \rightarrow {}^4I_{13/2}$，$^4G_{7/2} \rightarrow {}^4I_{9/2}$，$^2P_{1/2} \rightarrow {}^4I_{15/2}$，$^4G_{7/2} \rightarrow {}^4I_{11/2}$，$^2G_{7/2} \rightarrow {}^4I_{9/2}$，$^4G_{7/2} \rightarrow {}^4I_{13/2}$，$^2G_{1/2} \rightarrow {}^4I_{15/2}$
Sm^{3+}	555、590	$^4G_{5/2} \rightarrow {}^6H_{5/2}$，$^4G_{5/2} \rightarrow {}^6H_{7/2}$
Eu^{3+}	590、615、690	$^5D_0 \rightarrow {}^7F_1$，$^5D_0 \rightarrow {}^7F_2$，$^5D_0 \rightarrow {}^7F_4$
Gd^{3+}	204、254、278、306、312	$^6G_{7/2} \rightarrow {}^8S_{7/2}$，$^6I_J \rightarrow {}^8S_{7/2}$，$^6P_{5/2} \rightarrow {}^8S_{7/2}$，$^6P_{7/2} \rightarrow {}^8S_{7/2}$
Tb^{3+}	490、540、580、615	$^5D_4 \rightarrow {}^7F_6$，$^5D_4 \rightarrow {}^7F_5$，$^5D_4 \rightarrow {}^7F_4$，$^5D_4 \rightarrow {}^7F_3$
Dy^{3+}	570	$^4F_{9/2} \rightarrow {}^6H_{13/2}$
Ho^{3+}	542、645、658	$^5S_2 \rightarrow {}^5I_8$，$^5F_5 \rightarrow {}^5I_8$
Er^{3+}	411、523、542、656	$^2H_{9/2} \rightarrow {}^4I_{15/2}$，$^2H_{11/2} \rightarrow {}^4I_{15/2}$，$^2S_{3/2} \rightarrow {}^4I_{15/2}$，$^2F_{9/2} \rightarrow {}^4I_{15/2}$
Tm^{3+}	294、345、368、450、475、650、700、800	$^1I_6 \rightarrow {}^3H_6$，$^1I_6 \rightarrow {}^3F_4$，$^1D_2 \rightarrow {}^3H_6$，$^1D_2 \rightarrow {}^3F_4$，$^1G_4 \rightarrow {}^3H_6$，$^1G_4 \rightarrow {}^3F_4$，$^3F_3 \rightarrow {}^3H_6$，$^3H_4 \rightarrow {}^3H_6$

由于激活剂稀土离子4f能级的本征特性，它们的能级结构都很复杂并且密集，因此在掺杂时，掺杂浓度都不能过高。低浓度掺杂可以避免不必要的多声子辅助交叉弛豫。但单掺杂稀土上转换发光纳米材料对近红外光的吸收截面小，上转换发光效率较低，掺杂浓度过高又会导致荧光猝灭，因此需要添加敏化剂来增强材料对激发用红外光的吸收效率，提高上转换发光效率。

三、敏化剂

在单一离子掺杂的上转换发光材料中，掺杂离子的浓度决定了离子之间的平均间距及对激发光的吸收。在掺杂浓度较高的情况下，离子对激发光的吸收较多，但同时离子间交叉弛豫的相互作用增强，引起发光猝灭；在较低掺杂浓度的情况下，离子对激发光的吸收比较有限，并且许多镧系金属离子的光吸收截面较小，不利于激发光的吸收。因此，为了提高发光效率，常采用具有较大的光吸收截面的离子作为敏化剂，与发光中心离子共掺杂，利用能量传递的上转换机制产生上转换发光。

因为敏化剂是可以更有效地吸收激发光子，并且将自己所获得的能量传递给激活剂的一种离子，这就要求敏化剂必须具有合适的能级，能和激活剂离子的能级匹配，并且能吸收红外光子，且具有比较大的吸收截面。在所有的镧系稀土离子中，Yb^{3+}的能级结构比较简单，只有两个能级 $^2F_{7/2}$-$^2F_{5/2}$，这两个能级能很好地吸收波长为980 nm的红外光子，其吸收截面在所有镧系稀土离子中也是相对较大的，大约是 9.11×10^{-21} cm^{-2}，因此，它是比较好的敏化剂离子，也是当前上转换发光纳米材料体系中最常见的敏化剂。

能级结构简单的稀土离子Yb^{3+}可以忍受高浓度的掺杂，从而吸收更多的激发光子，相比之下，激活剂离子的掺杂浓度较低，如小于 2%，以减少交叉弛豫带来的能量损失。敏化剂吸收激发光子后，可以有效地将获得的能量传递给激活剂，诸如 Er^{3+}、Tm^{3+} 等离子，从而提高上转换的发光效率。研究发现，Yb^{3+}-Ho^{3+}、Yb^{3+}-Tm^{3+} 和 Yb^{3+}-Er^{3+} 是常见的共掺离子组合。在这些共掺杂体系中，Yb^{3+} 的掺杂浓度存在一个最优掺杂浓度，如 20%，如果浓度太大，会发生 Yb^{3+}-Yb^{3+} 之间的能量传递，最终导致上转换发光效率降低。

第二节　稀土上转换发光纳米材料的主要类型

自上转换发光被报道以来，人们广泛研究了不同稀土离子掺杂的晶体、玻璃以及陶瓷基质材料的红外光到可见光的上转换发光现象。对于基质材料，不仅要求材料的声子能量低、光学性能好，而且要求具有一定的机械强度和化学稳定性。因此寻找合适的基质材料，对获得稳定、高效的上转换发光是非常重要的。目前已经发现的上转换发光材料的种类很多，虽然主要是稀土元素的相关化合物，但依据基质材料的不同，可以分为钒酸盐、磷酸盐、硫化物、硫氧化物、氧化物、卤化物、卤氧化物、钼酸盐等，其中部分材料已经实现了纳米化。在诸多纳米化材料中，硫化物及卤化物中的溴化物和氯化物虽然具有较低的声子能量，但是因为反应合成条件苛刻，或者材料本身的特殊性质，它们的大规模应用受到了限制。氧化物因为本身较高的声子能量，无法具有高效的上转换发光效率，这使得氧化物在上转换发光材料中的应用遇到了阻碍。氟化物因为具有较高的稳定性、较低的声子能量、容易被稀土离子掺杂等优势成为人们关注的焦点。

上转换发光纳米材料在生物领域应用时一个非常重要的参数就是颗粒的粒径。通常，颗粒的晶体结构和颗粒尺寸同基质纳米材料的参数有关。不同离子掺杂的稀土上转换发光纳米材料的粒径、晶型和形貌如表 2-2 所示。目前报道的各种掺杂稀土离子的上转换发光纳米材料的尺寸均在 20～50 nm。然而，对于体内生物探测来讲，理想的纳米颗粒粒径是小于 10 nm，这样纳米颗粒会有效地从体内清除。因此，如何获得粒径小于 10 nm 并具有很强上转换发光性能的上转换发光颗粒，对于进一步促进上转换发光应用于生物体内检测是非常关键的。针对这个问题，已经取得了一系列研究成果。例如，Prasad 小组报道了单分散、粒径在 7～10 nm 的 α-$NaYF_4$ 上转换纳米材料的合成，并获得了较高的上转换发光性能[36]。随着 Yb^{3+} 的浓度从 20% 上升到 100%，近红外（NIR）发光强度可以增大 43 倍。这种极小粒径的 $NaYbF_4$:Tm^{3+} 纳米材料比粒径为 25～30 nm 的 $NaYbF_4$:Tm^{3+} 的上转换发光强度还要强 3.6 倍。Cohen 小组通过控制合成过程，获得了 4.5～15 nm 的 β-$NaYF_4$:Yb,Er 纳米颗粒，这种粒径小于 10 nm 的具有核壳结构的 β-$NaYF_4$:Yb,Er@$NaYF_4$ 具有 0.18%±0.01% 的发光效率，这比 37 nm 的 β-$NaYF_4$:Yb,Er 的发光效率（0.14%±0.01%）还要高[37]。Liu 等合成了小于 10 nm 的六方相的 $NaLuF_4$

上转换纳米颗粒，获得了量子效率为 0.47%±0.06% 的上转换发光[38]。

表 2-2 不同离子掺杂的稀土上转换发光纳米材料的粒径、晶体结构和形貌[33,34,36-51]

宿主:掺杂离子	大小（nm）	晶体结构	形貌
YLiF$_4$:Yb,Tm	～80	四方晶系	钻石型
NaYF$_4$:Yb,Er	13.6	立方晶系	多面体
NaYF$_4$:Yb,Er	187×71	六方晶系	六角片状
NaYF$_4$:Yb,Er	21±0.5	六方晶系	球形
NaYF$_4$:Yb,Er	10.5±0.7	六方晶系	球形
NaYF$_4$:Yb,Er	4.5～15	六方晶系	球形
NaYF$_4$:Yb,Tm	～7	立方晶系	球形
NaGdF$_4$:Yb,Er	20、31、41	立方晶系	立方体
NaGdF$_4$:Yb,Tm	10、15、25	六方晶系	球形
NaGdF$_4$	2.5～8	六方晶系	六角形
NaLuF$_4$:Yb,Er	18.9	立方晶系	球形
NaLuF$_4$:Gd,Yb,Tm	7.81～17	六方晶系	球形
BaLuF$_5$	<5	立方晶系	点
KGdF$_4$:Yb,Tm	～3.7	立方晶系	不规律的
KYb$_2$F$_7$:Er	109×26×12	斜方晶系	棒状
LiLuF$_4$:Yb,Er	28±1.5	四方晶系	菱形
KMnF$_3$:Yb,Er	～30	立方晶系	立方体
YOF:Yb,Er	15±0.4	立方晶系	球形
CaF$_2$:Yb,Er	3.8±0.5	立方晶系	立方体
YF$_3$:Yb,Er	～3.7	斜方晶系	不规律的

　　上转换发光性能是上转换发光纳米材料另一个至关重要的参数，随着上转换发光纳米材料粒径的降低，上转换发光性能急剧下降，这是因为纳米尺寸上转换发光材料中通常有很大比例的掺杂稀土离子分布在纳米颗粒的表面上。表面缺陷和弱束缚在颗粒表面的杂质、配体和溶剂导致的高能量振荡中使其发光猝灭。另外，在颗粒内部被激发的稀土离子也可以把能量传递给距离较近的颗粒表面稀土离子，引起无辐射跃迁。为了避免这种现象发生，在纳米颗粒表面再生长一层和基质晶格匹配的壳层是一种有效提高上转换发光性能的方法，这种方法可以降低表面的无辐射弛豫。在这种核壳结构中，掺杂的稀土离子被限制在核里，壳层可以有效地抑制晶体表面的能量损失，从而增强上转换发光性能。这种方法最早是由 Lezhnina 及其合作者报道的，核壳上转换纳米结构是在 EuF$_3$@GdF$_3$、GdF$_3$@EuF$_3$、LaF$_3$:Yb、Ho@LaF$_3$、LaF$_3$:Nd@LaF$_3$ 上实现的[52]。2007 年，Chow

等在 NaYF$_4$:Yb,Er 和 NaYF$_4$:Yb,Tm 纳米晶表面通过制备一层 NaYF$_4$，实现了大概 7~29 倍上转换发光性能的增强[1]。自此，很多研究人员制备了不同类型的上转换发光核壳结构纳米材料，诸如 NaYF$_4$:Yb,Er（Tm）@NaGdF$_4$[2,53]、NaYF$_4$:Yb,Er（Tm）@NaYF$_4$[54,55]、NaGdF$_4$:Yb,Tm（Er,Nd）@NaGdF$_4$[41,56,57]。对于壳层材料的选择，一般要选择组分、晶体结构或者晶格常数和核基质材料相同的材料，也就是一般选择的壳层材料都是没有稀土离子掺杂的核基质材料，这种核壳结构上转换发光纳米颗粒的制备和设计都是非常有效的。但也有把稀土离子引入壳层的报道，诸如 Capobianco 及其合作者制备了 NaGdF$_4$:Yb,Er@NaGdF$_4$:Yb 核壳纳米颗粒[58]，不仅在核里实现了 Yb 离子到 Er 离子的能量传递，壳层的 Yb 离子也能把能量传递给核里的 Er 离子，该纳米颗粒获得了强于核中 Er 离子绿光 3 倍和红光 10 倍的上转换发光。

根据基质材料组分的不同，将上转换发光纳米材料分为以下 5 类。

一、稀土氟化物系列

稀土离子掺杂的氟化物晶体、玻璃（包括光纤）是上转换发光研究的重点和热点，这主要是因为氟化物基质的声子能量低，尤其是重金属氟化物基质的声子振动频率低，降低了稀土离子能级的无辐射跃迁概率，降低了稀土离子间的无辐射交叉弛豫速率，增强了辐射跃迁概率，因此具有较高的上转换发光效率。许多氟化物，如 NaYF$_4$、LaF$_3$、YF$_3$ 和 CaF$_2$ 等都可以作为上转换发光的基质材料。其中，NaREF$_4$ 型的氟化物是目前为止人们发现的最高效的上转换发光基质材料，其具有较低的声子振动能（<400 cm^{-1}）、低的非辐射弛豫率和高的辐射发射率。在这些氟化物基质中，研究最多的是 NaYF$_4$ 材料，NaYF$_4$ 存在两种晶相：立方相（α）和六方相（β），六方相 NaYF$_4$ 作为基质的上转换发光材料的发光效率要比立方相 NaYF$_4$ 为基质的高很多。在这种基质中，掺杂稀土离子如 Tm^{3+}、Ho^{3+}、Er^{3+}等作为激活离子，在红外光的激发下，都可以实现它们的上转换发光。2006 年，Wang 等制备了稀土离子掺杂的 NaYF$_4$ 纳米颗粒[7]。2006 年，Boyer 等报道了一种新的简单方法合成的纳米 NaYF$_4$:Er,Yb 颗粒，其粒径大小为 10~50 nm[8]。Wang 等研究了 Gd^{3+}的掺杂浓度对 NaYF$_4$ 晶相和发光性能的影响，认为可以通过改变 Gd^{3+}的掺杂浓度来调节上转换发光效率[11]。2009 年，Bogdan 等利用热分解的方法制备了 NaYF$_4$:Er,Yb，并通过去掉油酸盐配体的方法实现了对纳米材料的包覆和分散，得到了 Er 离子的红光和绿光发射[12]。为了提高上转换发光强度，Vetrone 等制备了 NaGdF$_4$:Er,Yb/NaGdF$_4$ 核/壳结构，通过核/壳结构提高了上转换发光并实现了发光颜色的调节[13,59]。

我们都知道，通常用来调节上转换发光光谱的方法是通过控制掺杂离子浓度或者改变掺杂离子的种类。然而，在高掺杂浓度下，激发态的浓度猝灭现象限制了上转换发光的性能，因此必须通过保证稀土离子的低浓度掺杂来降低浓度猝灭现象。Liu 等制备了新的一系列具有正交晶型的 KYb_2F_7 基质纳米晶，在这种基质中，掺杂的稀土离子呈四组分阵列分布。这种特殊的分布方式把激发能量保存在基质的亚晶格区域，有效降低了激发能量到缺陷的转移。这表明 KYb_2F_7 不仅可以作为基质材料，还可以充当敏化剂来吸收和保存激发能量[46]。这个结果为进一步通过在基质亚晶格里的能量团簇来提高上转换发光性能提供了一个很好的渠道。

另外，$NaGdF_4$:Yb,Er 作为一种上转换发光纳米材料，不仅具有上转换发光性能优异、光稳定性优良和化学稳定性良好、荧光寿命长、发射带窄、背景荧光低及其他纳米材料的共同优点，而且因为 Gd^{3+} 是顺磁性的，并且蕴含大量的未成对电子，是理想的 T1 造影剂，可以同时应用于荧光成像检测和核磁共振成像。因此，$NaGdF_4$:Yb,Er 上转换纳米材料因同时具有高灵敏、高分辨率、低毒性、实时监测等优点，获得了广大研究者的青睐[60]。

虽然稀土掺杂氟化物体系因为其声子能量低的特点上转换发光效率普遍都较高，但是其缺点也十分明显，如机械强度低、对制备环境要求高，以及制作工艺的难度大和成本高，这些缺点都在一定程度上限制了它的应用。

二、稀土氧化物系列

稀土氧化物上转换发光纳米材料声子能量较高，因而上转换发光效率较低。但它具有制备工艺简单、环境条件要求较低、形成玻璃相的组分范围大、稀土离子的溶解度高、机械强度和化学稳定性好等优点。比较典型的稀土氧化物上转换发光材料有 $Nd_2(WO_4)_3$，其室温下可将波长 808 nm 的红外光转换为 457 nm 和 657 nm 的可见光；Er^{3+} 掺杂的 YVO_4 可将 808 nm 的红外光转换为 550 nm 的可见光。以溶胶-凝胶法制备的 Eu^{3+}、Yb^{3+} 共掺杂的多组分硅酸盐玻璃可将 973 nm 的光转换为 600 nm 左右的橘黄色光。

三、稀土氟氧化物系列

作为上转换发光材料，氟化物的声子能量小，上转换发光效率高，但其最大的缺点是机械强度和化学稳定性差，给实际应用带来了很大的困难。在诸多的基质材料中，氧化物基质的机械强度和化学稳定性好，但声子能量大，上转换效率低；氟氧化物综合了上述两者的优点，因此引起了人们极大的研究兴趣。与氟化物玻璃相比，氟氧化物玻璃的激光损失阈值、化学稳定性和机械强度等指标要优异得多。比较典型的有 Er^{3+} 掺杂的氟氧化物玻璃（Al_2O_3、CdF_2、PbF_2、YF_3:Er^{3+}），激发光波长为 975 nm，上转换发射波长分别为 545 nm、660 nm 和 800 nm。

四、稀土卤化物系列

稀土卤化物上转换发光材料主要是指稀土离子掺杂的重金属卤化物，由于它们具有较低的振动能，降低了多声子弛豫的影响，能够提高上转换发光效率。但由于氯化物在空气中易发生潮解，氯化物玻璃对空气中的水分极其敏感，因而不可能在空气中制备和测量光谱。

五、稀土硫化物系列

半导体纳米材料如 ZnS 也可被用作上转换基质材料，但在这种纳米材料中，由于离子半径的不匹配，掺杂的镧系稀土离子是否主要存在于纳米材料的表面层上，一直存在争论[61]。和稀土氟化物一样，稀土硫化物上转换发光材料也具有较低的声子能量。但制备时不能与氧和水接触，须在密闭条件下进行。La_2S_3:Yb^{3+},Pr^{3+} 玻璃在室温下能将 1064 nm 激发光上转换至 480～680 nm 的可见光。其中 Pr^{3+} 是上转换离子，Yb^{3+} 是敏化剂。

另外，稀土上转换发光材料还包括稀土掺杂的磷酸盐非晶材料体系、氟硼酸盐玻璃材料体系及碲酸盐玻璃体系等。

就上转换发光效率而言，一般认为氯化物＞氟化物＞氧化物，这是单纯从材料的声子能量方面考虑的，但是单考虑材料结构的稳定性则发现氯化物＜氟化物＜氧化物。因此，科学家开展了一系列的研究，希望能发现既具有氯化物、氟化物那样高的上转换发光效率，又具有氧化物那样良好稳定性的新型基质材料，从而达到实用的目的。

此外，基质材料的相结构对上转换发光效率的影响也很大。例如，六方相的 $NaYF_4$:Yb,Er 上转换发光效率相对于其立方相材料要高一个数量级。这是因为基质材料的相结构不同，稀土离子的晶体场对称性也不同；低对称性相结构的基质材料相对于高对称性相结构的基质材料，掺杂离子周围有更多的不成对成分，使得掺杂离子的跃迁概率更大。

第三节　稀土上转换发光纳米材料的合成

目前，合成高质量稀土卤化物的上转换发光纳米颗粒（up-converting phosphor nanoparticle，UCNP）的方法主要有：沉淀法、水/溶剂热法、热解法和溶胶-凝胶法等。为制备粒径均一、形貌可控、具有较高上转换发光效率的纳米粒子，有时需要结合多种方法的优点。合成稀土上转换发光纳米颗粒的原料分为前驱体和稳定剂。前驱体是生成纳米颗粒的核心部分，而稳定剂（又称配体）则用于防止纳米颗粒的团聚、调控纳米颗粒的粒径，并且具有保护纳米材料的表面和减缓其继续生长的作用。下面主要就目前应用比较广泛的稀土上转换发光纳米材料的合成方法做一些简单介绍。

一、沉淀法

在包含一种或者几种离子的可溶性盐溶液中加入沉淀剂进行反应，生成的难溶性产物从溶液中析出，将原溶液中多余的离子洗去，经过干燥，就可以得到所需要的纳米材料，此方法称为沉淀法。如果在上述溶液中加入沉淀剂，所有离子完全沉淀，称为共沉淀法。沉淀法可能是最为传统的合成高质量稀土纳米材料的方法，可以制备粒径小、尺寸分布窄的稀土纳米粒子。与其他方法相比，沉淀法不需要复杂昂贵的设备，反应条件温和、省时，但是一般需要热后处理才能得到晶化程度较高的晶态纳米粒子。

目前，只有少数报道合成 UCNP 时不需要热后处理，共沉淀法的溶剂中通常会适用表面活性剂如聚乙烯基吡咯烷酮（polyvinyl pyrrolidone，PVP）和聚醚酰亚胺（polyetherimide，PEI）来控制粒子，稳定纳米粒子以及表面功能化。此法工艺易于控制，易工业化大规模生产。Yi 等[62]、Wei 等[63]以可溶性的稀土化合物和氟化物为前驱体，以多种有机溶剂为配体，在水溶液中合成了立方相的 NaYF$_4$:Yb,Er 上转换荧光纳米材料；然后在还原性气氛的保护下，通过煅烧的方法显著提高了上转换发光纳米材料的荧光发光强度，获得的六方相 NaYF$_4$上转换发光纳米材料具有较高的发光强度。在近红外光激发下，所获得的 NaYF$_4$纳米晶只能发出很微弱的上转换荧光，但是经过 400～600℃的退火处理之后，发光强度提高了约 40 倍。

虽然沉淀法的操作工艺流程和合成步骤很简单，实验所需要的成本较低，不需要复杂昂贵的合成用仪器设备，而且它的反应条件温和，反应进行时的温度低，不耗费时间，获得的纳米粒子性能优异，适于工业化的批量生产。但是其仍然存在着诸多缺点，主要缺点就是直接获得的沉淀产物的结晶程度较低和组成成分不均匀。因此，所获得的沉淀产物需要进一步进行后续热处理，如煅烧等用来增强产物的结晶性。然而，后续的热处理过程很容易将沉淀出来的纳米粒子团聚，并且很可能会破坏原本接枝或者包覆在纳米粒子表面的有机物，削弱纳米粒子的功能性和亲水性。因此，研究人员在纳米粒子表面进行修饰处理以达到功能化的目的，但是这样会进一步增大粒子的粒径分布范围，无法进行尺寸的可控合成，更无法直接应用于生物医学领域。

二、水/溶剂热法

水/溶剂热法通常是指在密闭体系中，以水溶液为反应介质，在一定温度和水的自生压强下，使原始混合物进行反应的一种方法。水热合成与固相合成研究的差别在于"反应性"不同。这种不同主要体现在反应机理上，固相反应的机理主要以界面反应为其特点，而水热反应主要以液相反应为其特点。由于在高温高压水热条件下水处于超临界状态，物质在水中的物理与化学性质均发生了很大变化，因此水热化学反应大异于常态。目前人们对水热条件下水和水溶液的性质有了一定的了解，水的性质主要发生了如下变化：①蒸气压变大；②密度变小；③表面张力变低；④黏度变低；⑤离子体积变大。

水热法制备材料具有以下优势：第一，在水热条件下，水不仅作为溶剂、矿化剂和传递压力的介质，而且在高压下绝大多数反应物均能全部或部分溶解于水，因此有利于反应顺利进行；第二，水热过程受多种反应条件的影响，因而有可能通过对前驱物、矿化剂、反应温度、压力和时间、溶液组成和 pH 等因素的调节，有效地控制反应和晶体生成过程，得到理想的材料；第三，水热反应条件比较温和，能耗较低、适用性广，除了可制备纳米材料外，还可用于制备无机陶瓷薄膜和较大尺寸的单晶；第四，与其他化学方法相比，水热反应所需原料一般价廉易得，反应又发生在液相快速回流中，因而所得产物产率高、物相较均匀、纯度较高，易于实现对产物晶形、颗粒分散度、形貌和粒径的控制；第五，由于反应是在密封的容器中进行的，因此可通过控制反应气氛，提供合适的氧化-还原反应氛围，获得其他手段难以得到的亚稳相。水/溶剂热法特点之一是，研究体系一般处于非理想非平衡状态，因此适用于非平衡热力学分析其动力学过程。在高温高压条件下，水或其他溶剂处于临界或超临界状态，反应活性提高。物质在溶剂中的物性和化学反应性能均有很大改变，因此溶剂热化学反应大异于常态，这种方法已经成为合成超微粒、无机膜、单晶等的重要途径。据报道，利用水热法合成氟化物材料，能在很低的温度下合成含氧量几乎为零的氟化物，在上转换方面有望制备出转换效率比较高、性能比较稳定的上转换纳米发光材料。

对于水热合成 UCNP，典型的制备过程如下：在水、乙醇、油酸或者油酸钠的混合体系中，加入稀土离子，搅拌；再加入氟化物的水溶液并搅拌均匀，水热处理即可。可以通过调节反应体系的 pH、水热温度和水热处理时间等因素，来控制稀土上转换发光材料的生长。清华大学的李亚栋教授课题组等[38,57,64-66]在这方面作出了突出贡献，他们先将稀土硝酸盐水溶液加入油酸或者亚油酸、水、乙醇和氢氧化钠的微乳体系中，在搅拌条件下逐渐加入 NaF 的水溶液，然后转移至高压反应釜，通过调节反应温度和反应时间来控制纳米晶的形貌。他们在 *Nature* 上发表的学术论文，介绍了水热体系的液体/固体/溶液（liquid-solid-solution，LSS）相转移合成机理，即乙醇和烷基酸组成了液相，烷基酸钠和重金属的烷基酸配合物组成了固相，乙醇和重金属的水溶液组成了液相，首先通过离子交换，重金属离子进入固相将钠离子交换下来，形成烷基链的羧酸配合物，然后其在液-固相的界面上被还原，而烷基链一直包裹在纳米粒子的外围，形成了疏水的外层结构，当纳米粒子生长到一定大小的时候，由于重力，便会沉降下来，因此很容易在底部收集到纳米粒子。他们利用这种方法合成了一系列形貌可控（球形、立方体、棒状、树枝状等）、尺寸可调（从几个纳米到几百个纳米）、粒径均一的单分散稀土发光材料。复旦大学赵东元教授课题组利用水热法合成了一系列形貌漂亮的 UCNP（主要成分为 $NaYF_4$）纳米棒、纳米管和花状纳米盘。该团队发现当反应温度小于 160℃时，主要生成立方相 NaYF$_4$；随着反应温度的升高和反应时间的延长，仅 NaYF$_4$溶解并重结晶成六方相 NaYF$_4$，即仅能由亚稳态的 NaYF$_4$过渡到稳态的 β-NaYF$_4$，这个过程是不可逆的。

目前国内外的许多其他课题组也利用这种方法制备了各种形貌的稀土上转换发光材料。由于 Gd^{3+}的离子极化半径比较大，因此形成相会比较稳定。而 Y^{3+}的离子极化半径相对较小，只有在比较苛刻的条件下（如长时间高温水热条件）才能生成 β-NaYF$_4$。在 NaYF$_4$晶体中引入 Gd^{3+}，可以使 NaYF$_4$的形成速度变得很快，促使 β-NaYF$_4$的快速生成。同时，又因为上转换发光效率对相结构有很强的依赖性，因此也可以通过改变 Gd^{3+}的掺杂浓度来调节 UCNP 的上转换发光效率。

溶剂热法与水热法类似，采用高沸点有机溶剂油酸/十八烯、油酸/油胺等体系作为溶剂，无机稀土盐和氟化物为反应原料，在高温下可生成晶化程度高的纳米晶。此法可以得到粒径均一、可控、单分散的油溶性纳米晶材料，结晶程度高且不需热后处理。

水/溶剂热法的反应原料简单、成本低廉，合成的纳米粒子拥有较高的结晶程度，具有分散性好，粒子尺寸小且分布狭窄，不需要高温热处理，以及形貌、粒径可控等优点。缺点是：该方法合成的纳米粒子形貌、粒径的影响因素较多，较难控制；反应在密封的反应釜内进行，无法实时跟踪反应变化过程；较高的反应温度；可能存在的安全隐患。

三、热解法

热解法是可以有效合成出形貌可控、单分散、荧光强度高的 UCNP 的方法之一。它通常是在隔绝氧气和水分的环境中，通过在高沸点的有机溶剂中添加作为前驱体的金属有机化合物，利用较高的合成温度使稀土元素有机酸盐发生快速的热分解反应，继而获得所需要的稀土上转换发光纳米粒子。热解法的化学反应通常发生在由两种或者两种以上不同的溶剂组成的混合溶剂中。在热解法中，不同的溶剂有着不同的作用：混合溶剂中的非配位性溶剂为反应提供了有利于纳米粒子快速成核和晶型转变的高温条件与足够的能量；而配位性溶剂能够吸附、接枝或者包覆在纳米粒子的表面，使粒子能够均匀成核并且阻止粒子的团聚，增强粒子的分散性。例如，三氟乙酸稀土盐热解法的典型过程为：先制备各种三氟乙酸稀土盐，将它们添加到高沸点有机溶剂（油酸/十八烯、油酸/油胺、纯油胺等体系）中，氮气保护下升温至 340℃，使三氟乙酸稀土盐热分解生成稀土氟化物纳米材料；也可先将高沸点有机溶剂升温到 250～340℃，再注入三氟乙酸稀土盐溶液来热分解制备稀土氟化物纳米材料。

北京大学严纯华教授课题组首先利用这种方法制备了单分散的 LaF$_3$三角纳米盘[67]，随后通过改变有机溶剂的比例、温度、加热时间等条件，制备了各种形貌可控的、不同相结构的稀土上转换发光材料[39]，并研究了这种方法的合成机理。

他们认为，在不同的有机溶剂体系中，稀土离子的成核自由能是不同的，这直接决定了 UCNP 的相结构。例如，对于 Pr 离子和 Nd 离子，在油酸/十八烯的热解体系中，容易形成棒状的 NaREF$_4$，但是在油酸/油胺/十八烯的热解体系中，其成核自由能低于立方相 NaREF$_4$ 的能垒，就可以形成立方相 NaREF$_4$。只要有油胺存在，所有稀土离子的成核自由能都比较低，可以同时形成立方相 NaYF$_4$ 和六方相 NaYF$_4$，这两种相结构都比较稳定；但是在高温反应条件下更容易形成 β-NaREF$_4$。例如，新加坡国立大学的 Chow 教授课题组[33]就利用纯油胺体系，在 320℃的条件下，制备了相结构均一、发光效率较高、单分散的 UCNP。Mai 等[39]、Yi 等[33]和 Boyer 等[68]利用热解法合成出基质为立方相 NaYF$_4$ 的 Re-UCNP 纳米粒子，这些高质量的纳米粒子形貌可控，具有良好的分散性，并且通过后续处理或者改进反应条件，进一步合成出基质为六方相 NaYF$_4$ 的 Re-UCNP 纳米粒子，所合成的纳米粒子展示出了良好的上转换荧光性能。

虽然热解法合成出来的纳米粒子具有可控的粒度、良好的结晶性、单分散、形貌规整可控和狭窄的尺寸分布等优点，但是获得的纳米粒子表面吸附有有毒的有机溶剂分子，会使粒子表现出明显的疏水性，无法很好地结合水分子。同时，热解法还存在着诸如高成本的反应原料、苛刻的反应条件、复杂且烦琐的反应步骤和大量有毒的反应副产物等缺点。

四、溶胶-凝胶法

溶胶-凝胶法是使用湿化学的方法来合成纳米粒子的方法。它是在一种溶液中反应，这种溶液内部含有金属无机化合物或者有机化合物，再向其中加入特殊的添加剂，经过水解反应和缩聚反应形成溶胶，然后溶质聚集成形（或者通过解凝的方式获得凝胶），最后将凝胶进行干燥、热处理，形成目标晶体。此法主要用于制备掺杂有上转换发光纳米材料的薄膜和玻璃质材料，通常需要高温煅烧的后续热处理来提高发光效率。Salas 等[69]选用改良后的溶胶-微乳-凝胶法合成了 ZrO$_2$:Yb,Er 纳米粒子。

利用金属醇盐或者卤化物作为前驱体，经过水解缩合过程得到纳米粒子，主要用于制备掺杂有 UCNP 的薄膜和玻璃质材料。为了提高发光效率，通常需要经过高温煅烧处理。但是溶胶-凝胶法合成的上转换发光纳米材料的粒径是不可控的，而且在高温煅烧处理之后存在严重的团聚现象，不适合在生物医学领域进一步应用。但由于这条合成路线的核心是反应物分子（或离子）在水（醇）溶液中进行水解（醇解）和聚合，即分子态-聚集体-溶胶-凝胶-晶态（或非晶态），可以通过对其化学过程有效地控制来合成一些特定结构和聚集态的固体化合物或材料。

五、其他方法

微波辅助加热法是近些年来迅速发展起来的一种绿色合成方法。微波加热的原理是一种内加热过程，它利用物质分子吸收微波磁场中的电磁能，并以数十亿次的高速振动产生热能，从而达到加热的目的。微波辅助加热法具有加热速度快、受热均匀等优点，此外该方法还可以降低反应活化能，从而提高反应速率。将微波辅助加热法用于纳米材料的合成，可以大大缩短反应时间、降低能耗。Schäfer等[70]采用微波辅助加热法，以 NH_4F 为氟源，在高沸点溶剂 N-(2-羟乙基)乙二胺中合成出斜方晶系的 RbY_2F_7:Yb,Er 上转换发光纳米颗粒，他们根据 X 射线衍射（XRD）表征，计算出该纳米颗粒的平均直径为 60 nm。Wang 等[71]利用微波辅助加热法合成了 $NAYF_4$:Yb,Er（A 为 Na 或者 Li）上转换发光纳米颗粒，并通过反应物的浓度和组分来调节纳米颗粒的形貌。

另外，一些新型的方法或者传统方法的改进都在不断探索和研究中，以得到更加稳定和高效的稀土上转换发光纳米颗粒。

第四节　稀土上转换发光纳米颗粒的表面性质和细胞毒性

UCNP 的表面改性不仅能改善纳米晶的发光性能，而且还可以为 UCNP 的各种生物应用提供潜在的应用平台。为了能让 UCNP 用作生物发光标记材料，应该通过发展一些表面钝化或者核壳结构的方法来提高其发光效率和稳定性，如图 2-1 所示。

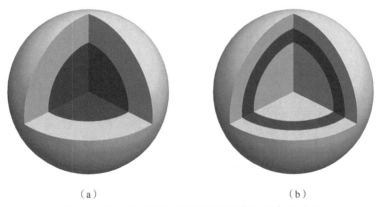

（a）　　　　　　　　　　　　　　　（b）

图 2-1　稀土上转换发光纳米颗粒的核壳结构示意图

红色层包含发光镧系元素离子。（a）具有镧系元素离子的标准核壳结构局限在核心层；（b）具有镧系元素离子的夹层结构插入中间层[72]

UCNP 的表面掺杂离子的浓度相对较高，具有很高的表面能，容易和溶剂配体以及表面杂质相互作用与相互影响，容易使所吸收的光子的能量通过非辐射的方式消散或者产生荧光猝灭的现象，所以纳米粒子的发光效率比相应的材料低。表面钝化就是在 UCNP 的表面包覆一层诸如由正硅酸乙酯形成的二氧化硅层、聚合物层或同质稀土层的钝化包覆层，形成一种核壳结构（图 2-2），保护表面粒子不会被干扰或者氧化，从而有效减少了 UCNP 的能量损失，提高了发光效率。

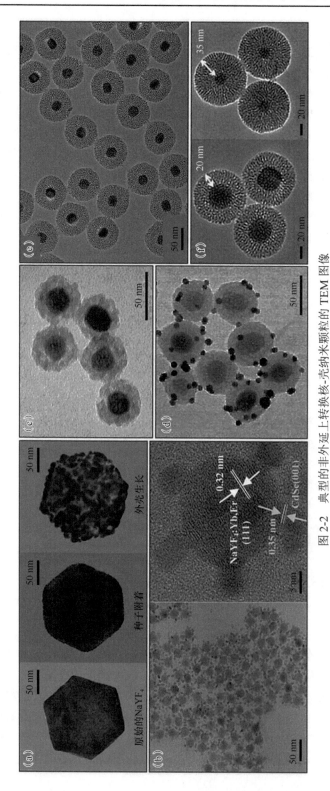

图 2-2 典型的非外延上转换核-壳纳米颗粒的 TEM 图像

（a）由 Huang 和 Dua 等构建的 NaYF₄;Yb,Tm@Au 异质结构；（b）由 Rosei 和 Perepichka 等制备的 NaYF₄;Yb,Er @ CdSe 纳米颗粒；（c）由 Li 和 Zhang 等将量子点封装在 NaYF₄;Yb,Er 上的二氧化硅壳中的纳米颗粒；（d）由 Li 和 Xiong 等通过使用二氧化硅涂层将金纳米颗粒与 NaYF₄;Yb,Er 纳米颗粒偶联；（e）Li 和 Lin 等组装在 NaYF₄;Yb,Er @ NaGdF₄;Yb 纳米颗粒上的多孔二氧化硅涂层；（f）由 Bu 和 Shi 等制备的 NaYF₄;Yb,Tm 纳米颗粒[40,75-79]

例如，Yi 等[1]在 NaYF$_4$:Yb,Tm 纳米粒子表面修饰了一层约 2 nm 厚并且不含有其他掺杂粒子的 NaYF$_4$ 层和聚丙烯酸后，获得了比原来材料高近 30 倍的上转换发光效率；NaYF$_4$:Yb,Er 纳米粒子经过上述同样的方法修饰后，获得了比原来材料高近 7 倍的上转换发光效率。Schäfer 等[73]通过在 KYF$_4$:Yb,Er 和 NaGdF$_4$:Er,Yb 纳米粒子表面进行钝化处理后，上转换发光效率也有了显著的提高。Yang 等[74]利用热解法合成了疏水性的 Re-UCNP 纳米粒子，再在其表面利用表面硅烷化或者同质稀土层形成核壳结构，获得了亲水性纳米粒子。但是，该方法的包覆层厚度会对荧光发光效率产生影响。另外，无论是有机溶剂中还是水溶液中合成的纳米颗粒表面的亲水性都较差，因而为了将其在生物医学领域中进行应用，对表面进行亲水性修饰（如增加羧基、氨基或者醛基等）是非常必要的。

一、表面基团和表面包覆

在生物标记中，需要 UCNP 与特定生物靶向目标相结合，并且可分散在水性溶剂中。在没有表面处理的情况下，油相 UCNP 不能分散在极性溶剂中。为了实现这些功能，一般采用三种方式[80]：①交换或操控表面有机配体；②添加与表面非极性基团反应的双亲性聚合物；③表面硅烷化。提高分散性最常用的方法是在 NPs 表面包覆 SiO$_2$ 壳层。为了使这些纳米粒子与生物分子连接，需要其表面有诸如氨基或羧基等功能团，一方面可以提高纳米粒子在水中的分散性，另一方面确保易与链霉亲和素通过共价键相连接。

由于纳米粒子的比表面积大，纳米粒子的发光效率一般比其体材料要低。在镧系上转换发光纳米材料中，具有的高能量振动模式表面配体，如—OH 或—NH$_2$ 基团，通过多声子弛豫过程引起激发态的猝灭[47]。如果稀土离子的掺杂浓度比较高，粒子内部的发光中心离子通过近邻离子向表面的能量传递也会进一步降低发光效率。减少这些能量损失的一个主要途径是采用合适的壳层材料包覆纳米粒子。为了避免能量损失，应避免纳米粒子核向壳层材料的能量传递。因此，壳层材料一般采用和纳米粒子相同的未掺杂的基质材料或宽禁带半导体材料。在采用相同基质的情况下，纳米粒子与壳层材料的晶格失配较小。在某些情况下，壳层材料也采用稀土粒子掺杂，以提高上转换发光的性能或颜色可调控性。例如，在核粒子中掺杂 Tm^{3+}、壳层中掺杂 Er^{3+} 的情况下，可实现多种颜色的可调控发射，并且与无离子掺杂壳层的核壳结构纳米粒子相比，发光强度也明显增强。采用 2% NaGdF$_4$:Er^{3+},20% Yb^{3+}@NaGdF$_4$:20% Yb^{3+}核壳结构，一方面避免了核中 Er^{3+}的无辐射跃迁引起的发光损失，另一方面通过壳层对近红外光的吸收并向核的能量传递，提高了上转换发光强度[58]。

二、细胞毒性

上转换发光纳米粒子在低密度近红外激发光下可发射可见光的性质避免了生

物材料本身产生的荧光信号干扰，且红外激发光对生物体无害且穿透深度较深。因此，在生物标记领域中具有独特的优势。同时，其较小的尺寸也适用于分散在生物分子和大分子中，并且具有发射光谱窄、发光颜色可调、光稳定性好、低毒性等优势。但纳米粒子较大的比表面积也带来了一些问题。比如，相比体材料，表面缺陷的存在使其发光效率一般相对较低。另外，纳米粒子在生物标记领域中的应用也需要考虑纳米粒子表面与生物分子的结合以及纳米粒子对生物分子或生物体的影响。

　　UCNP 在生物领域中的应用也包含在生物体内的使用，因此，UCNP 是否包含对生物体有害的成分，即其细胞毒性，成为衡量 UCNP 的一个重要标准。基于对细胞形貌和线粒体功能的评估来检测细胞毒性，发现镧系金属离子掺杂的纳米粒子对许多细胞系都是无毒性的。例如，Liu 等[81]测试了 SiO_2 包覆的 Yb/Er 掺杂的稀土氟化物纳米粒子在壬二酸分子层上的生物兼容性，发现这些纳米粒子在浓度为 800 mg/ml、培育 20 h 后，基本上对人口腔表皮样癌细胞（KB 细胞）的生存能力没有影响。Liang 等[82]对 Tm^{3+} 和 Yb^{3+} 掺杂的 $NaYF_4$ 纳米晶对人类胰腺癌细胞影响的研究发现，细胞吞噬纳米粒子后，基于对 MTS 细胞活性试验的研究未发现明显的细胞毒性。Shan 等[83]也发现羧基和氨基功能化的纳米粒子在培育 9 天后对人体骨肉瘤细胞影响有限或没有影响。

　　研究者对上转换发光纳米颗粒在生物体内的细胞毒性也进行了评估。Jalil 和 Zhang 等[84]将 SiO_2 包覆的六方相 $NaYF_4$ 上转换发光纳米粒子（以 10 mg/kg 体重的剂量）通过静脉注射到健康的小白鼠体内，未发现小白鼠有异常行为；他们发现上转换发光纳米粒子在注入小白鼠体内 7 天后，可以大部分被清除。同时，通过细胞毒性实验 MTT（噻唑蓝）法及 LDH（乳酸脱氢酶）法，他们还研究了不同浓度（1~100 mg/ml）上转换发光纳米颗粒对细胞毒性的影响。研究表明，骨髓间充质干细胞和骨肌细胞对上转换发光纳米颗粒有较强的容忍性，纳米颗粒进入细胞中未对细胞膜产生严重破坏。为了确保上转换发光纳米颗粒对生物体的安全性，需要研究更长时间范围内上转换发光纳米颗粒的尺寸、形状、表面性质等对细胞的影响。

第五节　稀土上转换发光材料存在的主要问题

一、基质稳定性问题

　　一般来说，某一稀土离子的上转换发光性能主要依赖于基质的性能。其材料的选择不仅要求基质的晶格振动能量低，还要求基质的化学稳定性好、机械强度高。稀土氟化物玻璃特别是 ZrF_4 玻璃是比较理想的基质材料，这不仅因为它的声子能量低（与氧化物玻璃相比）、透光范围宽，还因为它具有比较容易形成波导和光纤等优点。从声子能量考虑，氯化物、溴化物、碘化物玻璃等都具有很好的应用价值。像 $CdCl_2$ 玻璃，其声子能量大约是 250 cm^{-1}，这同氟化物玻璃相比是非常低的，因此可获得高效率的上转换发光，并且这些材料易玻璃化。但是这些材料的化学稳定性、机械强度、热稳定性都较差，给实际应用带来了很大的困难。

二、效率问题

如何提高上转换发光效率一直是研究人员关注的焦点问题。经过多年研究，人们已经取得了一定的成果：上转换红光效率已达到 1%左右、绿光 4%左右、蓝光 2%左右。由前所述，上转换发光效率同基质材料、稀土离子的选择及其浓度有关。在一定的浓度范围内，上转换发光效率随稀土离子浓度的增大而上升，超过一定的浓度范围，则产生浓度猝灭。但是，一般来说，由于玻璃热力学的不稳定性，很难合成高浓度稀土离子（稀土离子的浓度大于 10 摩尔分数）的上转换发光玻璃。虽然有文献报道氟磷酸盐玻璃具有很好的稳定性，能掺入较高浓度的稀土离子 Pr^{3+}，在掺入 Pr^{3+} 后，它的光谱可横跨紫外-近红外波段，但依然存在浓度猝灭方面的问题。

三、泵浦问题

选择合适的途径和合适的泵浦源，对提高上转换激光的效率至关重要。稀土离子能级丰富，每一种掺杂体系都对应着好几种泵浦途径，在这些泵浦途径中，应该择优使用。目前，常用的上转换激光泵浦源是红外激光二极管，在上转换光纤波导激光器中，由于泵浦源和稀土离子的作用距离加大，泵浦能量的损失也较大。另外，泵浦源和光纤的耦合也是一个不可忽视的问题。

四、发光单一问题

目前，上转换发光研究的多是单掺杂和双掺杂体系，这些体系虽然也能得到几种波长的发光，如掺杂 Er^{3+}，能得到 490 nm、552 nm 和 662 nm 的发光，但它们的强度不同，尤其是蓝光部分发光很弱，几乎被淹没，其应用于上转换光纤激光器的调谐范围一般只有 10~30 nm，因此急需开发调谐范围和波长范围较宽的上转换发光纳米材料。

参 考 文 献

[1] Yi G S, Chow G M. Water-soluble NaYF₄: Yb, Er(Tm)/NaYF₄/polymer core/shell/shell nanoparticles with significant enhancement of upconversion fluorescence. Chem Mater, 2007,

19(3): 341-343.

[2] Zhang F, Che R, Li X, et al. Direct imaging the upconversion nanocrystal core/shell structure at the subnanometer level: shell thickness dependence in upconverting optical properties. Nano Lett, 2012, 12(6): 2852-2858.

[3] Heer S, Kömpe K, Güdel H U, et al. Highly efficient multicolour upconversion emission in transparent colloids of lanthanide-doped NaYF$_4$ nanocrystals. Adv Mater, 2004, 16(23-24): 2102-2105.

[4] Wang F, Liu X. Recent advances in the chemistry of lanthanide-doped upconversion nanocrystals. Chem Soc Rev, 2009, 38(4): 976-989.

[5] Wang G, Peng Q, Li Y. Upconversion luminescence of monodisperse CaF$_2$: Yb^{3+}/Er^{3+} nanocrystals. J Am Chem Soc, 2009, 131(40): 14200-14201.

[6] Zheng W, Zhou S, Chen Z, et al. Sub-10 nm lanthanide-doped CaF$_2$ nanoprobes for time-resolved luminescent biodetection. Angew Chem, 2013, 125(26): 6803-6808.

[7] Patra A, Friend C S, Kapoor R, et al. Upconversion in Er^{3+}: ZrO$_2$ nanocrystals. J Phys Chem B, 2002, 106(8): 1909-1912.

[8] Patra A, Friend C S, Kapoor R, et al. Fluorescence upconversion properties of Er^{3+}-doped TiO$_2$ and BaTiO$_3$ nanocrystallites. Chem Mater, 2003, 15(19): 3650-3655.

[9] Skovsen E, Duroux M, Neves-Petersen M T, et al. Photonics and microarray technology. Optical Sensing Technology and Applications. SPIE, 2007, 6585: 658516.

[10] Vetrone F, Boyer J C, Capobianco J A, et al. Significance of Yb^{3+} concentration on the upconversion mechanisms in codoped Y$_2$O$_3$: Er^{3+}, Yb^{3+} nanocrystals. J Appl Phys, 2004, 96(1): 661-667.

[11] Krämer K W, Biner D, Frei G, et al. Hexagonal sodium yttrium fluoride based green and blue emitting upconversion phosphors. Chem Mater, 2004, 16(7): 1244-1251.

[12] Chen G, Liu H, Liang H, et al. Upconversion emission enhancement in Yb^{3+}/Er^{3+}-codoped Y$_2$O$_3$ nanocrystals by tridoping with Li$^+$ ions. J Phys Chem C, 2008, 112(31): 12030-12036.

[13] Wang H Q, Nann T. Monodisperse upconverting nanocrystals by microwave-assisted synthesis. ACS Nano, 2009, 3(11): 3804-3808.

[14] Liang Z, Wang X, Zhu W, et al. Upconversion nanocrystals mediated lateral-flow nanoplatform for *in vitro* detection. ACS Appl Mater Inter, 2017, 9(4): 3497-3504.

[15] Martín-Rodríguez R, Valiente R, Polizzi S, et al. Upconversion luminescence in nanocrystals of Gd$_3$Ga$_5$O$_{12}$ and Y$_3$Al$_5$O$_{12}$ doped with Tb^{3+}-Yb^{3+} and Eu^{3+}-Yb^{3+}. J Phys Chem C, 2009, 113(28): 12195-12200.

[16] Nakazawa E. Cooperative optical transitions of Yb^{3+}-Yb^{3+} and Gd^{3+}-Yb^{3+} ion pairs in YbPO$_4$ hosts. J Lumin, 1976, 12: 675-680.

[17] Dong H, Sun L D, Yan C H. Basic understanding of the lanthanide related upconversion

emissions. Nanoscale, 2013, 5(13): 5703-5714.

[18] Naccache R, Vetrone F, Speghini A, et al. Cross-relaxation and upconversion processes in Pr^{3+} singly doped and Pr^{3+}/Yb^{3+} codoped nanocrystalline Gd$_3$Ga$_5$O$_{12}$: the sensitizer/activator relationship. J Phys Chem C, 2008, 112(20): 7750-7756.

[19] Maciel G S, Guimaraes R B, Barreto P G, et al. The influence of Yb^{3+} doping on the upconversion luminescence of Pr^{3+} in aluminum oxide based powders prepared by combustion synthesis. Opt Mater, 2009, 31(11): 1735-1740.

[20] Pellé F, Dhaouadi M, Michely L, et al. Spectroscopic properties and upconversion in Pr^{3+}: YF$_3$ nanoparticles. Phys Chem Chem Phys, 2011, 13(39): 17453-17460.

[21] Joshi C, Rai S B. Structural, thermal, and optical properties of Pr^{3+}/Yb^{3+} co-doped oxyhalide tellurite glasses and its nano-crystalline parts. Solid State Sci, 2012, 14(8): 997-1003.

[22] Ming C, Song F, Yan L. Spectroscopic study and green upconversion of Pr^{3+}/Yb^{3+}-codoped NaY(WO$_4$)$_2$ crystal. Opt Commun, 2013, 286: 217-220.

[23] Dey R, Rai V K, Pandey A. Green upconversion emission in Nd^{3+}-Yb^{3+}-Zn^{2+}: Y$_2$O$_3$ phosphor. Spectrochim Acta A, 2012, 99: 288-291.

[24] Ramakrishna P V, Pammi S V N, Samatha K. UV-visible upconversion studies of Nd^{3+} ions in lead tellurite glass. Solid State Commun, 2013, 155: 21-24.

[25] Wang F, Deng R, Wang J, et al. Tuning upconversion through energy migration in core-shell nanoparticles. Nat Mater, 2011, 10(12): 968-973.

[26] Su Q, Han S, Xie X, et al. The effect of surface coating on energy migration-mediated upconversion. J Am Chem Soc, 2012, 134(51): 20849-20857.

[27] Wang L, Lan M, Liu Z, et al. Enhanced deep-ultraviolet upconversion emission of Gd^{3+} sensitized by Yb^{3+} and Ho^{3+} in β-NaLuF$_4$ microcrystals under 980 nm excitation. J Mater Chem C, 2013, 1(13): 2485-2490.

[28] Cao C, Qin W, Zhang J, et al. Ultraviolet upconversion emissions of Gd^{3+}. Opt Lett, 2008, 33(8): 857-859.

[29] Song W, Guo X, He G, et al. Ultraviolet upconversion emissions of Gd^{3+} in β-NaLuF$_4$: Yb^{3+}, Tm^{3+}, Gd^{3+} nanocrystals. J Nanosci Nanotechno, 2014, 14(5): 3722-3725.

[30] Liu C, Chen D. Controlled synthesis of hexagon shaped lanthanide-doped LaF$_3$ nanoplates with multicolor upconversion fluorescence. J Mater Chem, 2007, 17(37): 3875-3880.

[31] Qin X, Yokomori T, Ju Y. Flame synthesis and characterization of rare-earth(Er^{3+}, Ho^{3+}, and Tm^{3+})doped upconversion nanophosphors. Appl Phys Lett, 2007, 90(7): 073104.

[32] Ehlert O, Thomann R, Darbandi M, et al. A four-color colloidal multiplexing nanoparticle system. ACS Nano, 2008, 2(1): 120-124.

[33] Yi G S, Chow G M. Synthesis of hexagonal-phase NaYF$_4$: Yb, Er and NaYF$_4$: Yb, Tm nanocrystals with efficient up-conversion fluorescence. Adv Funct Mater, 2006, 16(18):

2324-2329.

[34] Mahalingam V, Vetrone F, Naccache R, et al. Colloidal Tm^{3+}/Yb^{3+}-doped $LiYF_4$ nanocrystals: multiple luminescence spanning the UV to NIR regions via low-energy excitation. Adv Mater, 2009, 21(40): 4025-4028.

[35] Zhang X, Yang P, Li C, et al. Facile and mass production synthesis of β-$NaYF_4$: Yb^{3+}, Er^{3+}/Tm^{3+} 1D microstructures with multicolor up-conversion luminescence. Chem Commun, 2011, 47(44): 12143-12145.

[36] Chen G, Ohulchanskyy T Y, Kumar R, et al. Ultrasmall monodisperse $NaYF_4$: Yb^{3+}/Tm^{3+} nanocrystals with enhanced near-infrared to near-infrared upconversion photoluminescence. ACS Nano, 2010, 4(6): 3163-3168.

[37] Ostrowski A D, Chan E M, Gargas D J, et al. Controlled synthesis and single-particle imaging of bright, sub-10 nm lanthanide-doped upconverting nanocrystals. ACS Nano, 2012, 6(3): 2686-2692.

[38] Liu Q, Sun Y, Yang T, et al. Sub-10 nm hexagonal lanthanide-doped $NaLuF_4$ upconversion nanocrystals for sensitive bioimaging in vivo. J Am Chem Soc, 2011, 133(43): 17122-17125.

[39] Mai H X, Zhang Y W, Si R, et al. High-quality sodium rare-earth fluoride nanocrystals: controlled synthesis and optical properties. J Am Chem Soc, 2006, 128(19): 6426-6436.

[40] Li Z, Zhang Y, Jiang S. Multicolor core/shell-structured upconversion fluorescent nanoparticles. Adv Mater, 2008, 20(24): 4765-4769.

[41] Park Y I, Kim J H, Lee K T, et al. Nonblinking and nonbleaching upconverting nanoparticles as an optical imaging nanoprobe and T1 magnetic resonance imaging contrast agent. Adv Mater, 2009, 21(44): 4467-4471.

[42] Wang F, Wang J, Liu X. Direct evidence of a surface quenching effect on size-dependent luminescence of upconversion nanoparticles. Angew Chem Int Edit, 2010, 49(41): 7456-7460.

[43] Johnson N J J, Oakden W, Stanisz G J, et al. Size-tunable, ultrasmall $NaGdF_4$ nanoparticles: insights into their T1 MRI contrast enhancement. Chem Mater, 2011, 23(16): 3714-3722.

[44] Sarkar S, Meesaragandla B, Hazra C, et al. Sub-5 nm Ln^{3+}-doped $BaLuF_5$ nanocrystals: a platform to realize upconversion via interparticle energy transfer(IPET). Adv Mater, 2013, 25(6): 856-860.

[45] Wong H T, Vetrone F, Naccache R, et al. Water dispersible ultra-small multifunctional $KGdF_4$: Tm^{3+}, Yb^{3+} nanoparticles with near-infrared to near-infrared upconversion. J Mater Chem, 2011, 21(41): 16589-16596.

[46] Wang J, Deng R, Macdonald M A, et al. Enhancing multiphoton upconversion through energy clustering at sublattice level. Nat Mater, 2014, 13(2): 157-162.

[47] Huang P, Zheng W, Zhou S, et al. Lanthanide-doped $LiLuF_4$ upconversion nanoprobes for the detection of disease biomarkers. Angew Chem, 2014, 126(5): 1276-1281.

[48] Wang J, Wang F, Wang C, et al. Single-band upconversion emission in lanthanide-doped $KMnF_3$ nanocrystals. Angew Chem, 2011, 123(44): 10553-10556.

[49] Yi G, Peng Y, Gao Z. Strong red-emitting near-infrared-to-visible upconversion fluorescent nanoparticles. Chem Mater, 2011, 23(11): 2729-2734.

[50] Zheng W, Zhou S, Chen Z, et al. Sub-10 nm Lanthanide-doped CaF_2 nanoprobes for time-resolved luminescent biodetection. Angew Chem, 2013, 125(26): 6803-6808.

[51] Chen G, Qiu H, Fan R, et al. Lanthanide-doped ultrasmall yttrium fluoride nanoparticles with enhanced multicolor upconversion photoluminescence. J Mater Chem, 2012, 22(38): 20190-20196.

[52] Lezhnina M M, Jüstel T, Kätker H, et al. Efficient luminescence from rare-earth fluoride nanoparticles with optically functional shells. Adv Funct Mater, 2006, 16(7): 935-942.

[53] Guo H, Li Z, Qian H, et al. Seed-mediated synthesis of $NaYF_4$: Yb, Er/$NaGdF_4$ nanocrystals with improved upconversion fluorescence and MR relaxivity. Nanotechnology, 2010, 21(12): 125602.

[54] Mai H X, Zhang Y W, Sun L D, et al. Highly efficient multicolor up-conversion emissions and their mechanisms of monodisperse $NaYF_4$: Yb, Er core and core/shell-structured nanocrystals. J Phys Chem C, 2007, 111(37): 13721-13729.

[55] Wang Y, Tu L, Zhao J, et al. Upconversion luminescence of β-$NaYF_4$: Yb^{3+}, Er^{3+}@ β-$NaYF_4$ core/shell nanoparticles: excitation power density and surface dependence. J Phys Chem C, 2009, 113(17): 7164-7169.

[56] Wang F, Wang J, Liu X. Direct evidence of a surface quenching effect on size-dependent luminescence of upconversion nanoparticles. Angew Chem Int Edit, 2010, 49(41): 7456-7460.

[57] Chen G, Ohulchanskyy T Y, Liu S, et al. Core/shell $NaGdF_4$: Nd^{3+}/$NaGdF_4$ nanocrystals with efficient near-infrared to near-infrared downconversion photoluminescence for bioimaging applications. ACS Nano, 2012, 6(4): 2969-2977.

[58] Vetrone F, Naccache R, Mahalingam V, et al. The active-core/active-shell approach: a strategy to enhance the upconversion luminescence in lanthanide-doped nanoparticles. Adv Funct Mater, 2009, 19(18): 2924-2929.

[59] Dong H, Sun L D, Yan C H. Energy transfer in lanthanide upconversion studies for extended optical applications. Chem Soc Rev, 2015, 44(6): 1608-1634.

[60] Chen G, Ohulchanskyy T Y, Law W C, et al. Monodisperse $NaYbF_4$: Tm^{3+}/$NaGdF_4$ core/shell nanocrystals with near-infrared to near-infrared upconversion photoluminescence and magnetic resonance properties. Nanoscale, 2011, 3(5): 2003-2008.

[61] Bol A A, van Beek R, Meijerink A. On the incorporation of trivalent rare earth ions in II-VI semiconductor nanocrystals. Chem Mater, 2002, 14(3): 1121-1126.

[62] Yi G, Lu H, Zhao S, et al. Synthesis, characterization, and biological application of size-controlled nanocrystalline $NaYF_4$: Yb, Er infrared-to-visible up-conversion phosphors.

Nano Lett, 2004, 4(11): 2191-2196.

[63] Wei Y, Lu F, Zhang X, et al. Synthesis and characterization of efficient near-infrared upconversion Yb and Tm codoped NaYF$_4$ nanocrystal reporter. J Alloy Compd, 2007, 427(1-2): 333-340.

[64] Ohtsuki T, Honkanen S, Najafi S I, et al. Cooperative upconversion effects on the performance of Er^{3+}-doped phosphate glass waveguide amplifiers. JOSA B, 1997, 14(7): 1838-1845.

[65] Zhu C, Lu X, Zhang Z. Upconversion fluorescence of TeO$_2$PbO-based oxide glasses containing Er^{3+} ions. J Non-Cryst Solids, 1992, 144: 89-94.

[66] Boyer J C, van Veggel F C J M. Absolute quantum yield measurements of colloidal NaYF$_4$: Er^{3+}, Yb^{3+} upconverting nanoparticles. Nanoscale, 2010, 2(8): 1417-1419.

[67] Zhang Y W, Sun X, Si R, et al. Single-crystalline and monodisperse LaF$_3$ triangular nanoplates from a single-source precursor. J Am Chem Soc, 2005, 127(10): 3260-3261.

[68] Boyer J C, Vetrone F, Cuccia L A, et al. Synthesis of colloidal upconverting NaYF$_4$ nanocrystals doped with Er^{3+}, Yb^{3+} and Tm^{3+}, Yb^{3+} via thermal decomposition of lanthanide trifluoroacetate precursors. J Am Chem Soc, 2006, 128(23): 7444-7445.

[69] Salas P, Angeles-Chavez C, Montoya J A, et al. Synthesis, characterization and luminescence properties of ZrO$_2$: Yb^{3+}-Er^{3+} nanophosphor. Opt Mater, 2005, 27(7): 1295-1300.

[70] Schäfer H, Ptacek P, Voss B, et al. Synthesis and characterization of upconversion fluorescent Yb^{3+}, Er^{3+} doped RbY$_2$F$_7$ nano-and microcrystals. Cryst Growth Des, 2010, 10(5): 2202-2208.

[71] Wang H Q, Tilley R D, Nann T. Size and shape evolution of upconverting nanoparticles using microwave assisted synthesis. Cryst Eng Comm, 2010, 12(7): 1993-1996.

[72] Chen X, Peng D, Ju Q, et al. Photon upconversion in core-shell nanoparticles. Chem Soc Rev, 2015, 44(6): 1318-1330.

[73] Schäfer H, Ptacek P, Kömpe K, et al. Lanthanide-doped NaYF$_4$ nanocrystals in aqueous solution displaying strong up-conversion emission. Chem Mater, 2007, 19(6): 1396-1400.

[74] Yang D, Li C, Li G, et al. Colloidal synthesis and remarkable enhancement of the upconversion luminescence of BaGdF$_5$: Yb^{3+}/Er^{3+} nanoparticles by active-shell modification. J Mater Chem, 2011, 21(16): 5923-5927.

[75] Li C, Yang D, Ma P, et al. Multifunctional upconversion mesoporous silica nanostructures for dual modal imaging and *in vivo* drug delivery. Small, 2013, 9(24): 4150-4159.

[76] Li Z, Wang L, Wang Z, et al. Modification of NaYF$_4$: Yb, Er@ SiO$_2$ nanoparticles with gold nanocrystals for tunable green-to-red upconversion emissions. J Phys Chem C, 2011, 115(8): 3291-3296.

[77] Liu J, Bu W, Zhang S, et al. Controlled synthesis of uniform and monodisperse upconversion core/mesoporous silica shell nanocomposites for bimodal imaging. Chem Eur J, 2012, 18(8): 2335-2341.

[78] Yan C, Dadvand A, Rosei F, et al. Near-IR photoresponse in new up-converting CdSe/NaYF$_4$: Yb, Er nanoheterostructures. J Am Chem Soc, 2010, 132(26): 8868-8869.

[79] Zhang H, Li Y, Ivanov I A, et al. Plasmonic modulation of the upconversion fluorescence in NaYF$_4$: Yb/Tm hexaplate nanocrystals using gold nanoparticles or nanoshells. Angew Chem Int Edit, 2010, 49(16): 2865-2868.

[80] Haase M, Schäfer H. Upconverting nanoparticles. Angew Chem Int Edit, 2011, 50(26): 5808-5829.

[81] Liu Q, Li C, Yang T, et al. "Drawing" upconversion nanophosphors into water through host-guest interaction. Chem Commun, 2010, 46(30): 5551-5553.

[82] Liang S, Liu Y, Tang Y, et al. A user-friendly method for synthesizing high-quality: NaYF$_4$: Yb, Er(Tm)nanocrystals in liquid paraffin. J Nanomater, 2011, 2011: 1-7.

[83] Shan J N, Chen J B, Meng J, et al. Biofunctionalization, cytotoxicity, and cell uptake of lanthanide doped hydrophobically ligated NaYF$_4$ upconversion nanophosphors. J Appl Phys, 2008, 104(9): 094308.

[84] Jalil R A, Zhang Y. Biocompatibility of silica coated NaYF$_4$ upconversion fluorescent nanocrystals. Biomaterials, 2008, 29(30): 4122-4128.

第三章　上转换发光颗粒的修饰与功能化

杨晓莉[1]　林长青[2]

上转换发光技术（up-converting phosphor technique，UPT）是基于上转换发光材料（up-conversion phosphor，UCP）发展的一种新型纳米稀土材料的标记技术。UCP 是由稀土金属元素在某些晶体的晶格中掺杂而构成的纳米颗粒，由于其独特的结构，UCP 可由红外光激发而发射可见光，此过程遵循反斯托克斯定律实现能量上转[1,2]。UCP 因具有这种独特的性质，其作为标记物用于生物分析时，就具备了无本底干扰和无猝灭的特征，并且适于生物靶标的多重和定量分析，与传统标记物相比，其具有明显的优势。UPT 可用于免疫和基因分析与研究、高通量的药物筛选、微阵列、外科手术组织成像、食品安全相关因子和环境因素的检测以及生物恐怖防御检测等多个领域[3-9]。

传统的研磨法和合成法是 UCP 颗粒制备常用的两种方法。研磨法制备流程工艺操作简便，无高精尖生产设备的额外需求，很容易得到 40 nm 左右的 UCP 颗粒。由于 UCP 颗粒是惰性的，与生物分子连接前需要进行表面修饰才能功能化。

一、UCP 颗粒表面的硅化

UCP 含有不同主基质、吸收子和发射子，可以通过合成法制备。主基质一般是氧硫化物、硅酸盐、镓酸盐、氟化物等，但它们表面均没有活性基团用于生物活性分子的结合，在 UCP 表面覆盖一层均一的 Si 薄层就可以解决这一问题。透光性较好的 SiO_3 晶体不干扰 UCP 的光学性质，与生物分子结合后便实现了功能化，成为快速检测的理想标记物。在含 NH_3 的水溶液中，$Si(OC_2H_5)_4$ 的水解反应就可很容易地完成硅化过程[10-12]。反应方程如下：

$$Y_2O_2S{:}YtEr + Si(OC_2H_5)_4 + 2H_2O \rightarrow Y_2O_2S{:}YtEr\,{-\!\!-}\,SiO_2 + 4C_2H_5OH$$

二、UCP 表面修饰的 SiO_2 层的功能化

图 3-1 显示了几种可以用于 UCP 表面 Si 薄层修饰以附着活性游离基团（—COOH、—NH_2、—OH 等）的硅烷化试剂衍生物，其中第一种试剂最常用，它可以在 Si 层上修饰—NH_2。

1　杨晓莉　中国人民解放军总医院第三医学中心（原武警总医院）

2　林长青　生物应急与临床 POCT 北京市重点实验室，北京热景生物技术股份有限公司

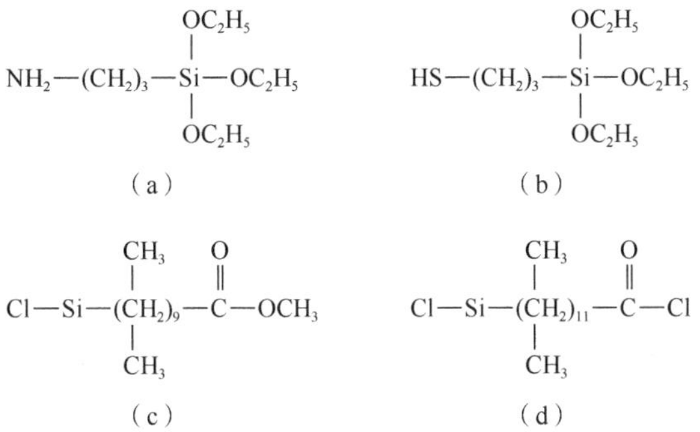

$$NH_2-(CH_2)_3-\underset{\underset{OC_2H_5}{|}}{\overset{\overset{OC_2H_5}{|}}{Si}}-OC_2H_5$$

（a）

$$HS-(CH_2)_3-\underset{\underset{OC_2H_5}{|}}{\overset{\overset{OC_2H_5}{|}}{Si}}-OC_2H_5$$

（b）

$$Cl-\underset{\underset{CH_3}{|}}{\overset{\overset{CH_3}{|}}{Si}}-(CH_2)_9-\overset{\overset{O}{\|}}{C}-OCH_3$$

（c）

$$Cl-\underset{\underset{CH_3}{|}}{\overset{\overset{CH_3}{|}}{Si}}-(CH_2)_{11}-\overset{\overset{O}{\|}}{C}-Cl$$

（d）

图 3-1　几种常见的硅烷化试剂可以用于 UCP 表面修饰 Si 薄层的进一步修饰

（a）三乙氧基-3-氨基丙基硅烷；（b）三乙氧基-3-巯基丙基硅烷；（c）一氯癸酰甲氧基-二甲基硅烷；（d）一氯-十二酰氯-二甲基硅烷

三、UCP 表面的生物活性分子连接

化学修饰的 UCP 表面带有活性游离基团（如—NH₂），可通过双功能交联剂与抗体、寡核苷酸等生物活性分子连接。UCP 被修饰及功能化后便可作为报告分子灵活地应用于多个分析领域。

（一）氨基与羧基交联

1. 碳二亚胺（EDC）法

EDC 法原由 Goodfriend[13]提出，是最常用来连接小分子半抗原与蛋白质（载体）的方法。EDC（$R_1N=C=NR_2$）是一种化学性质很活泼的试剂，能使氨基和羧基间脱水缩合而形成酰胺键。UCP 表面带有的游离基团（—COOH）先与 EDC 反应生成一种中间产物，然后再与生物活性材料中（如抗原、抗体等）的氨基反应形成偶联物。

经常使用的碳二亚胺化学试剂为 1-(3-二甲基氨基丙基)-3-乙基碳二亚胺（EDC）水溶液，它既可以和 UCP 颗粒或生物活性材料中的羧基结合，也可以与其氨基结合，反应的最适 pH 为 5~9，要依据交联的两种物质选择最佳的 pH，如 pH 7.0 的环境适合大多数生物蛋白质类的偶联。

EDC 法十分方便，只需将生物活性材料与 UCP 颗粒按一定比例溶解在适当的溶液中，然后加入 EDC，在 4℃或室温条件下搅拌反应 24 h，经过透析分离除去未结合的部分，即得到偶联结合物 UCP-生物活性材料。

2. 混合酸酐（MA）法

UCP 表面带有的游离基团（—COOH）在三正丁胺或三乙胺存在时，与氯甲酸异丁酯反应生成混合酸酐；中间产物混合酸酐很容易与生物活性材料表面的基团（—NH$_2$）反应形成酰胺键。

3. N-羟基琥珀酰亚胺（NHS）法

UCP 表面带有的游离基团（—COOH）可与 N-羟基琥珀酰亚胺反应生成活化酯，再与生物活性材料表面的基团（—NH$_2$）偶联。

（二）氨基与氨基交联

1. 戊二醛法

戊二醛是一种同型双功能交联剂，它的两个醛基可分别与两个氨基化合物的氨基形成 shiff 碱，在两个化合物之间链接一个五碳桥。这种方法可以用于生物活性材料与 UCP 的连接，将戊二醛加入含有 UCP 颗粒和生物活性材料的溶液中，通过反应会得到 UCP 颗粒与生物活性材料的偶联物。

2. SPDP 法

Carlsson 等首先应用琥珀酰亚胺-3-(2-吡啶基二硫)丙酸酯(SPDP)进行蛋白质与蛋白质之间的交联或标记[14,15]。SPDP 是一种异型双功能交联剂，不同于戊二醛类的交联剂。

此反应过程分为 4 个步骤：①SPDP 与 UCP 表面带有的游离基团（—NH$_2$）的氨基反应，引入保护基（硫醇基），得到中间产物 A；②SPDP 与生物活性材料（如 IgG）的氨基反应，同上述反应，引入保护基（硫醇基），得到中间产物 B；③用还原剂二硫苏糖醇（DTT）去除 A 和 B 中的二硫醇吡啶保护基，得到含硫基的 A 和 B；④在含硫基的 A 与含硫醇吡啶保护基的 B 之间，通过硫基与二硫键的交联作用，形成 UCP 与生物活性材料的结合物。

3. 其他双功能交联剂

二异氰酸甲苯酯、苯醌和氟二硝基苯砜等双功能交联剂也可用于生物活性材料与 UCP 颗粒两种含氨基化合物的交联。

四、UPT 在免疫层析平台上的构建

北京热景生物技术股份有限公司以经典免疫层析试纸的物理结构作为基础，针对 UCP 颗粒有别于胶体金颗粒的粒径、密度、表面性状等诸多特性，对免疫层析相关的所有固相材料（样品垫、结合垫、分析膜、吸水垫）、化学反应体系（表面活性剂、封闭剂、pH、离子强度等）进行系统的有针对性的筛选与优化；同时，通过大比表面积、高表面活性 UCP 纳米颗粒提高了与待测生物活性分子靶标的结合效率，从而以多因素介入的方式打破了 UCP 颗粒粒径与发光效率之间的悖论；

最终研制完成 UPT 免疫层析试纸[16-23]。利用上转换发光技术平台，本研究团队筛选了多种抗体，同时筛选了合适的反应条件，确定了各种待检靶标的最佳包被浓度和最佳反应时间等条件；优化后的 UPT 具有检测快、灵敏度高、特异性强、精密度和稳定性好的特点，且没有环境污染和放射危害的问题。

参 考 文 献

[1] Corstjens P L, Zuiderwijk M, Nilsson M, et al. Lateral-flow and up-converting phosphor reporters to detect single-stranded nucleic acids in a sandwich-hybridization assay. Analytical Biochemistry, 2003, 312(2): 191-200.

[2] Kuningas K, Ukonaho T, Pakkila H, et al. Upconversion fluorescence resonance energy transfer in a homogeneous immunoassay for estradiol. Analytical Chemistry, 2006, 78(13): 4690-4696.

[3] Banerjee R, Jaiswal A. Recent advances in nanoparticle-based lateral flow immunoassay as a point-of-care diagnostic tool for infectious agents and diseases. Analyst, 2018, 143(9): 1970-1996.

[4] Lim S F, Riehn R, Ryu W S, et al. *In vivo* and scanning electron microscopy imaging of up-converting nanophosphors in *Caenorhabditis elegans*. Nano Letters, 2006, 6(2): 169-174.

[5] Quesada-Gonzalez D, Merkoci A. Nanoparticle-based lateral flow biosensors. Biosensors & Bioelectronics, 2015, 73: 47-63.

[6] van de Rijke F, Zijlmans H, Li S, et al. Up-converting phosphor reporters for nucleic acid microarrays. Nature Biotechnology, 2001, 19(3): 273-276.

[7] Sutherland J S, Mendy J, Gindeh A, et al. Use of lateral flow assays to determine IP-10 and CCL4 levels in pleural effusions and whole blood for TB diagnosis. Tuberculosis (Edinb) , 2016, 96: 31-36.

[8] Vikesland P J, Wigginton K R. Nanomaterial enabled biosensors for pathogen monitoring-a review. Environmental Science & Technology, 2010, 44(10): 3656-3669.

[9] Zuiderwijk M, Tanke H J, Niedbala R S. An amplification-free hybridization-based DNA assay to detect *Streptococcus pneumoniae* utilizing the up-converting phosphor technology. Clinical Biochemistry, 2003, 36(5): 401-403.

[10] Kumar M, Zhang P. Synthesis, characterization and biosensing application of photon upconverting nanoparticles. Proceedings-Society of Photo-Optical Instrumentation Engineers, 2009: 7188.

[11] Posthuma-Trumpie G A, Wichers J H, Koets M, et al. Amorphous carbon nanoparticles: a versatile label for rapid diagnostic(immuno)assays. Analytical and Bioanalytical Chemistry, 2012, 402(2): 593-600.

[12] Corstjens P L, Li S, Zuiderwijk M, et al. Infrared up-converting phosphors for bioassays. IEE

Proceedings Nanobiotechnology, 2005, 152(2): 64-72.

[13] Goodfriend TL, Levine L, Fasman GD. Antibodies to bradykinin and angiotensin: A use of carbodimides in immunology. Science, 1964, 144(3624): 1344-1346.

[14] Carlsson J, Drevin H. Protein thiolation and reversible protein-protein conjugation. N-Succinimidyl 3-(2-pyridyldithio)propionate, a new heterobifunctional reagent. Biochem J, 1978, 173(3): 723-737.

[15] Girshovich A S, Bochkareva E S, Todd M J. On the distribution of ligands within the asymmetric chaperonin complex, GroEL14.ADP7.GroES7. FEBS Lett, 1995, 366(1): 17-20.

[16] Hao M, Zhang P, Li B, et al. Development and evaluation of an up-converting phosphor technology-based lateral flow assay for the rapid, simultaneous detection of Vibrio cholerae serogroups O1 and O139. PLoS ONE, 2017, 12(6): e0179937.

[17] Hong W, Huang L, Wang H, et al. Development of an up-converting phosphor technology-based 10-channel lateral flow assay for profiling antibodies against Yersinia pestis. Journal of Microbiological Methods, 2010, 83(2): 133-140.

[18] Hu Q, Wei Q, Zhang P, et al. An up-converting phosphor technology-based lateral flow assay for point-of-collection detection of morphine and methamphetamine in saliva. Analyst, 2018, 143(19): 4646-4654.

[19] Hua F, Zhang P, Zhang F, et al. Development and evaluation of an up-converting phosphor technology-based lateral flow assay for rapid detection of Francisella tularensis. Scientific Reports, 2015, 5: 17178.

[20] Yan Z Q, Zhou L, Zhao Y K, et al. Rapid quantitative detection of Yersinia pestis by lateral-flow immunoassay and up-converting phosphor technology-based biosensor. Sensors and Actuators B, 2006, 119: 656-663.

[21] Zhang P, Liu X, Wang C, et al. Evaluation of up-converting phosphor technology-based lateral flow strips for rapid detection of Bacillus anthracis Spore, Brucella spp., and Yersinia pestis. PLoS ONE, 2014, 9(8): e105305.

[22] Zhao Y, Liu X, Wang X, et al. Development and evaluation of an up-converting phosphor technology-based lateral flow assay for rapid and quantitative detection of aflatoxin B1 in crops. Talanta, 2016, 161: 297-303.

[23] Zhao Y, Wang H, Zhang P, et al. Rapid multiplex detection of 10 foodborne pathogens with an up-converting phosphor technology-based 10-channel lateral flow assay. Scientific Reports, 2016, 6: 21342.

第四章 基于上转换发光纳米材料的现场即时检验技术

赵 勇[1] 李艳召[2]

现场即时检验（point of care testing，POCT）技术是指能够在患者床旁开展的临床检验，或在现场进行的生物分析或化学检测，并快速得到结果的一类技术方法[1,2]。由于无须在实验室进行复杂的标本处理与分析，该技术尤为适用于医疗资源条件有限的基层医疗部门，以及需要在现场得到快速响应的应用场景[3]。近年来，POCT 技术取得了快速发展，其中，免疫层析技术以其简单、快速、成本低等特点，得到了较为广泛的应用[4]。但是，传统的免疫层析主要采用胶体金或乳胶微粒这类标记物，存在灵敏度低、稳定性差、无法准确定量等问题，成为制约该技术进一步发展的瓶颈。

上转换发光纳米颗粒（up-converting phosphor nanoparticle，UCNP）具有稳定的核壳结构，其表面可以通过化学修饰带有多种生物活性基团（如氨基、羧基、醛基等），进而可作为标记示踪材料应用于生物分析和医学检测。相较于传统的胶体金、乳胶微粒和荧光分子等标记材料，UCNP 的突出优势表现为发光性能更加稳定、不易猝灭，不存在本底荧光干扰，可以实现更高灵敏度的、可准确定量的检测分析。据文献报道[5]，UCNP 作为标记物，其灵敏度是胶体金和乳胶微粒的 10～100 倍。

上转换发光即时检验（up-converting phosphor technique-based point of care testing，UPT-POCT）技术即是将 UCNP 进行一系列表面修饰与活化后，将其作为生物标记物与免疫层析技术、生物传感技术相融合而发展起来的一种新型快速、高灵敏、可准确定量的检测技术。目前，研究人员已开发出多种 UPT-POCT 技术产品，并成功应用于临床疾病诊断[6]、食品安全检测[7,8]、违禁药物筛查[9]以及生物恐怖防范[10]等多个领域。本章将从 UPT-POCT 免疫层析试纸基本组成及定量分析原理、UPT-POCT 免疫层析试纸不同检测方法类型及原理，以及 UPT-POCT 免疫层析试纸多重检测方法及原理等方面进行介绍与分析。

第一节 UPT-POCT 免疫层析试纸基本组成及定量分析原理

一、UPT-POCT 免疫层析试纸基本组成

UPT-POCT 免疫层析试纸采用的固相材料与传统的免疫层析试纸类似，其组

---

1 赵 勇 军事科学院军事医学研究院微生物流行病研究所，生物应急与临床 POCT 北京市重点实验室
2 李艳召 生物应急与临床 POCT 北京市重点实验室，北京热景生物技术股份有限公司

成主要包括样品垫、结合垫、分析膜与吸水垫，并按一定顺序组装在黏性底衬上（图 4-1）。其中，样品垫是样品滴加的部位，可避免样品对后续检测系统的冲击；结合垫含有 UCNP 标记的抗体或其他生物探针分子，可特异性结合待检样品中的抗原或其他靶标；分析膜通常为硝酸纤维素膜，在特定区域包被有抗体、抗原、寡核苷酸片段等生物活性分子，能特异性分离捕获待检靶标[11]；吸水垫位于试纸结构的最末端，为液体层析提供稳定的虹吸动力。

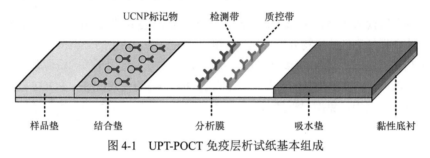

图 4-1　UPT-POCT 免疫层析试纸基本组成

　　当液体样品（含待测物）滴加到样品垫后迅速进入结合垫，其中的 UCNP 标记物（UCNP-生物活性分子结合物）被溶解，并在分析膜和吸水垫的虹吸作用下流经分析膜，直至吸水垫。在此过程中，UCNP 标记物、待测物、检测带（T 带）、质控带（C 带）之间将发生一定的特异性免疫反应，并通过 UCNP 产生具有指示性的信号。

二、UPT-POCT 免疫层析试纸定量分析原理

　　UPT 生物传感器可对试纸上 UCNP 的光学信号进行扫描与接收，并通过物理换能器将光信号转化为电信号，从而对 UCNP 的存在量进行精确检测[12,13]。由于 UCNP 与抗体等特异性识别分子以复合物的形式存在于试纸上，并随之一同参与后续的免疫识别反应，因而在试纸特定反应区域，UCNP 的存在量与待测物的浓度存在一定的线性关系。据此，通过定量分析试纸上 UCNP 的信号强度，即可实现对待测靶标的定量检测。

　　反应结束后，将试纸放入 UPT 生物传感器中，即可对试纸上的 UCNP 信号进行扫描并以数值曲线的形式表现出来。由于硝酸纤维素膜检测带与质控带上存在大量被捕获的 UCNP，因此，在数值曲线上会形成两个明显的发射峰（T 峰和 C 峰）。UPT 生物传感器通过计算这两个峰的峰面积（T 值和 C 值）来对捕获的 UCNP 进行精确定量分析，并以峰面积比值（T/C 值）作为检测结果来反映样品中待测物的浓度。通过测定已知浓度的系列标准品，即可绘制待测物浓度和检测 T/C 值之间的标准浓度工作曲线，从而可以用于对未知样品中的待测物进行定量分析。

第二节　UPT-POCT 免疫层析试纸不同检测方法类型及原理

UPT-POCT 免疫层析试纸可以用于检测多种类型的待测物,包括细菌、病毒、毒素、违禁药品、临床疾病标志物以及核酸序列等。依据待测物类型的不同及试纸上所发生免疫反应方式的不同,UPT-POCT 免疫层析试纸的检测方法可分为夹心法、竞争法与杂交法。其中夹心法和竞争法的 UPT-POCT 免疫层析试纸较为常见[14],而杂交法 UPT-POCT 免疫层析试纸通常用来检测 DNA 靶标。

一、夹心法 UPT-POCT 免疫层析试纸

夹心法 UPT-POCT 免疫层析试纸适用于检测具有多个抗原表位的大分子物质,如细菌、病毒以及一些大分子蛋白质和毒素等。该种试纸中使用了两种特异性检测抗体(或抗原),可结合待测抗原(或抗体)的不同抗原决定簇或表位。其中一种检测抗体(抗体 A)与 UCNP 偶联在一起,作为检测标记物固定在试纸的结合垫中;另一种检测抗体(抗体 B)包被在试纸分析膜的检测带上,可特异性捕获检测靶标。另外,在质控带上包被有质控抗体,可捕获游离的检测抗体,生成质控信号。

当样品中存在待测物(抗原)时,样品中存在的抗原将首先和结合垫中的 UCNP 标记物-抗体 A 相结合。随后,二者形成的免疫复合物以及游离的 UCNP-抗体 A 结合物,在虹吸作用的带动下进入分析膜。当其流过检测带时,检测带上包被的抗体 B 将与免疫复合物中待测抗原的其他位点相结合,形成 UCNP 标记物-抗体 A-待测抗原-抗体 B 复合物。而游离的 UCNP-抗体 A 将在吸水垫的带动下继续流动,在通过质控带时与包被的质控抗体相结合。而当样品中不存在待测物时,只有在质控带上发生 UCNP 标记物-抗体 A 与质控抗体的结合反应。因此,在夹心法中,阳性样品对应的试纸在检测带与质控带上均会产生具有指示性的信号,并且随着待测物浓度的增加,其检测 T/C 值也会相应增大,而阴性样品对应的试纸只有质控带上有指示性信号。

需要注意的是,在夹心法中,当待测物浓度过高时,在试纸的检测带上,过量的靶标将会与 UCNP 标记物形成竞争,并占据检测带一定数量的抗体表位,从而导致检测带的有效检测信号降低,使得定量结果不准确[15]。

二、竞争法 UPT-POCT 免疫层析试纸

竞争法 UPT-POCT 免疫层析试纸通常用来检测具有单一抗原表位或小分子量的待测靶标,如黄曲霉毒素 B1(aflatoxin B1,AFB1)[16]、磺胺类药物[17]、甲基苯丙胺等违禁药[9]。以黄曲霉毒素 B1 为例,图 4-2 为竞争法 UPT-POCT 试纸的组成及典型结果示意图[16]。该试纸将黄曲霉毒素 B1 的特异性单克隆抗体(AFB1-mAb)

与一种兔 IgG（rabbit IgG）抗体分别与 UCNP 偶联，并等比例地固定到试纸结合垫中；在试纸分析膜的检测带上包被有偶联牛血清白蛋白（BSA）的黄曲霉毒素 B1 抗原（AFB1-BSA），质控带上包被有羊抗兔 IgG（goat anti-rabbit IgG）抗体。

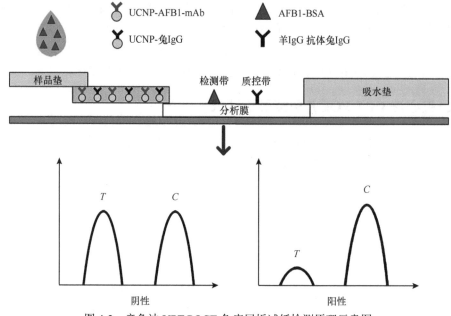

图 4-2　竞争法 UPT-POCT 免疫层析试纸检测原理示意图

当样品中存在待测物（AFB1）时，结合垫中的一部分 UCNP 标记物（UCNP-AFB1-mAb）将会与样品中的 AFB1 结合，而未发生反应的游离 UCNP 标记物将随后与检测带上的 AFB1-BSA 偶联物结合。因而，随着样品中待测物浓度的增加，检测带上能够捕获到的 UCNP 标记物将会随之减少，产生的"T"信号值也会降低。当样品中不存在待测物时，结合垫中的大部分 UCNP 标记物（UCNP-AFB1-mAb）将会以游离形态进入分析膜，然后与检测带上的 AFB1-BSA 偶联物结合，由此产生高于阳性样品的"T"信号值。竞争法试纸上质控带信号源于结合垫中的另一种 UCNP 标记物（UCNP-rabbit IgG）与质控带上质控抗体（goat anti-rabbit IgG）的免疫反应，由于该反应并不受靶标物质多少的影响，因而不同测试中 C 带信号强度基本不变。因此，在竞争法 UPT-POCT 试纸检测中，检测结果 T/C 值与待测物的浓度呈负相关，即靶标浓度越高，T/C 值越低，当样品为阴性时，其 T/C 值最大。

三、杂交法 UPT-POCT 免疫层析试纸

UPT-POCT 免疫层析试纸也可采用特异性核苷酸序列作为生物识别元件，基于核酸分子杂交原理实现对 DNA、RNA 等分子的检测[18,19]。该类试纸也称为杂

交法 UPT-POCT 试纸。根据是否包被抗体，杂交法 UPT-POCT 试纸又可分为两种类型，一类依赖于抗体，另一类不依赖于抗体（图 4-3）。

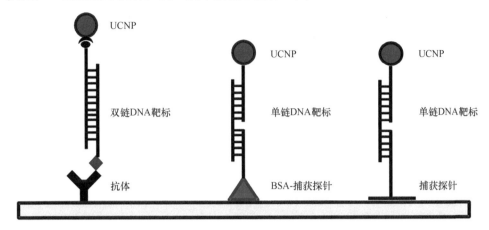

（a）抗体依赖型　　　　　　　　　　　　　（b）非抗体依赖型

图 4-3　不同类型的杂交法 UPT-POCT 免疫层析试纸原理示意图

依赖抗体的杂交法 UPT-POCT 免疫层析试纸适用于检测聚合酶链式反应（polymerase chain reaction，PCR）后的双链 DNA 靶标，基本原理如图 4-3（a）所示。该 PCR 由一对带有不同标签的引物介导，其中一条为生物素标记，另一条可为荧光素或地高辛标记，由此扩增的 PCR 产物为带有两种不同标签的双链DNA[11]。将 UCNP 与亲和素偶联并固定到试纸结合垫中，可以实现对该双链 DNA 的特异性结合，该反应过程由生物素-亲和素反应介导。将针对靶标中另一种标签（荧光素或地高辛标记）的特异性抗体包被于检测带上，由此可以实现对该 DNA 靶标的特异性捕获。由于检测带上发生的反应与夹心法相似，其检测结果 T/C 值与 DNA 靶标的量也呈正相关。需注意的是，该检测方法需要先经过 PCR 扩增，扩增引物的质量对于后续试纸检测结果具有很大的影响。

非抗体依赖的杂交法免疫层析试纸可以用来检测单链 DNA 靶标。该模式采用与靶标核酸序列互补的两段不重叠的核苷酸序列为识别元件，以此来实现对靶标 DNA 的检测与捕获。其中一条互补序列与 UCNP 相偶联作为检测探针固定在结合垫中，另一条互补序列可直接包被或通过偶联 BSA 包被到检测带上作为捕获探针（图 4-3）。当样品中含有待测物时，UCNP 标记的检测探针、检测带上的捕获探针会与待测单链 DNA 靶标序列杂交反应形成复合物，其反应模式同夹心法，检测信号强度与待测靶标的浓度呈正相关。需要注意的是，相较于基于抗原、抗体反应的检测方法，核酸序列杂交法的试纸检测过程可能需要更长的反应时间；另外，设计筛选高质量的互补序列作为检测或捕获探针对于检测结果的特异性和准确性至关重要。

第三节　UPT-POCT 免疫层析试纸多重检测方法及原理

一、多条带免疫层析检测试纸

UPT-POCT 免疫层析试纸不仅能够对单靶标进行检测，也可以通过多种途径实现对多个靶标的同时分析。其中应用较多的一种模式是在试纸分析膜上设置多条平行的检测带，每条检测带上包被针对不同靶标的检测抗体或其他识别元件，从而实现多靶标同步分析。有文献报道[9]，在试纸的分析膜上（长 8.5 cm，宽 4～5 mm）可以同时包被 12 条检测带，条带间隔 3 mm，经传感器扫描后能够得到 12 个相互不重叠的信号峰（图 4-4）。基于这种模式，研究人员将人类免疫缺陷病毒、丙型肝炎病毒和结核分枝杆菌三种抗原直接包被在了三条检测条带上，以此来同时检测患者血清中对应的三种病原体抗体含量，从而评估患者目前的感染状态[20]。

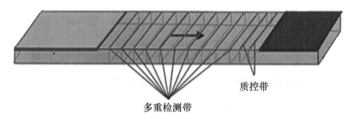

质控带

多重检测带

图 4-4　UPT-POCT 多条带免疫层析检测试纸示意图

另外，多条带免疫层析检测试纸也可采用不同光谱性质的 UCNP，以便进行多重分析。Niedbala 等[9]建立了一种可同时检测多种违禁药物的 UPT-POCT 多条带免疫层析试纸，检测靶标包括苯丙胺、甲基苯丙胺、苯环利定和吗啡。该试纸采用了两种发射光谱的 UCNP 作为标记物，在激发光（980 nm）的激发下，其中一种颗粒能够发射出蓝光（最佳发射光 475 nm），另一种能发射出绿光（最佳发射光 550 nm），两种发射光谱互不重叠。蓝光 UCNP 标记物通过相应的抗体可分别结合甲基苯丙胺和吗啡，而绿光 UCNP 标记物可分别结合苯丙胺和苯环利定。根据检测带上发射光的颜色类型及发生位置，即可判断样品中是否含有以上 4 种待检物质。

采用多条带免疫层析试纸进行多重检测通常需要复杂的优化过程。随着检测靶标和检测抗体种类的增加，试纸上发生的非特异反应或交叉反应概率也会明显增大；尽管使用多色 UCNP 标记颗粒可以减少一定的非特异信号，但由此对仪器设备的要求也会提高。另外，随着分析膜上检测条带数量的增加，UCNP 标记物或免疫复合物在分析膜上的层析动力也会受到一定的影响。因而，尽管理论上分析膜上可以同时设置多条检测带，但在实际应用时其检测条带的数量还需经过详细的评价与优化。

二、多通道免疫层析检测试纸盘

多通道免疫层析检测试纸盘是实现UPT-POCT试纸多重检测的另一种经典方式。该类试纸盘可以通过物理分区设置多个检测通道，每个检测通道可以放置一个检测试纸。图4-5展示了一种UPT-POCT多通道免疫层析试纸盘的结构[21]，该试纸盘内均匀分布有10个试纸卡槽，中间区域是直径为1 cm的圆形引流片（玻璃纤维）。在试纸盘内装好试纸和引流片后，所有试纸的样品垫部分都恰好与上方的引流片有部分重叠，通过试纸对称层析的结构以及引流片的均匀分散引流设计，样品滴加至引流片后能够同步均匀地分配至10条单靶标检测试纸样品垫内，从而实现多重检测的目的，一次性完成10种目标被检物的检测。基于该原理，研究人员针对常见的10种食源性致病菌首先研制了单靶标UPT-POCT检测试纸，然后将这些试纸整合到多通道试纸盘中，从而实现了对这10种食源性致病菌的同步检测[7]。结果显示，该方法可准确检出混有10种靶标病原体的样品，而且每个检测通道均能保持较好的敏感性和特异性。

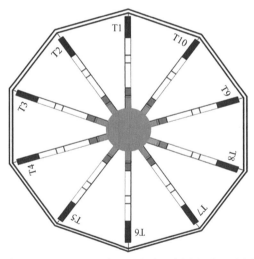

图4-5　UPT-POCT多通道免疫层析试纸盘示意图

相较于多条带检测试纸，采用多通道试纸盘进行多重分析可以有效减少交叉反应的发生，实现待测靶标的高特异性检测。此外，采用试纸盘方式具有实现高通量检测的可能，如可在UPT-POCT多通道试纸盘的每个通道内配备UPT-POCT多条带检测试纸，从而可以将检测靶标数量扩展至20～30种；由此带来的挑战是如何优化UPT传感器设计，以快速精确读取检测信号，并将设备小型化和智能化。

综上，本章首先总结了目前UPT-POCT免疫层析试纸的基本组成及定量分析原理，然后重点归纳论述了UPT-POCT免疫层析试纸不同检测方法类型及原理，以及实现多重检测的途径。相较于PCR、酶联免疫吸附测定（ELISA）、胶体金免疫层析等传统方法，UPT-POCT 技术不仅具有较好的检测性能和操作性能，而且在生物传感器方面也实现了自动化、一体化和便携化。当前，UPT-POCT 采用的生物识别元件主要为抗体，而抗体的制备通常较为复杂，且不易长期保存、批次差异性大，由此对产品性能稳定性存在一定的影响。被称为"化学抗体"的适配体虽然有望替代传统抗体，但仍需要更多的实践应用。随着这些问题的解决，UPT-POCT 技术在现场即时检验技术发展浪潮中将会发挥更重要的作用。

参 考 文 献

[1] Luppa P B, Müller C, Schlichtiger A, et al. Point-of-care testing(POCT): current techniques and future perspectives. TrAC Trends in Analytical Chemistry, 2011, 30(6): 887-898.

[2] Sturenburg E, Junker R. Point-of-care testing in microbiology: the advantages and disadvantages of immunochromatographic test strips. Deutsches Arzteblatt International, 2009, 106(4): 48-54.

[3] Mabey D, Peeling R W, Ustianowski A, et al. Diagnostics for the developing world. Nature Reviews Microbiology, 2004, 2(3): 231-240.

[4] Syedmoradi L, Daneshpour M, Alvandipour M, et al. Point of care testing: the impact of nanotechnology. Biosensors & Bioelectronics, 2017, 87: 373-387.

[5] Hampl J, Hall M, Mufti N A, et al. Upconverting phosphor reporters in immunochromatographic assays. Analytical Biochemistry, 2001, 288(2): 176-187.

[6] Corstjens P L, van Lieshout L, Zuiderwijk M, et al. Up-converting phosphor technology-based lateral flow assay for detection of Schistosoma circulating anodic antigen in serum. Journal of Clinical Microbiology, 2008, 46(1): 171-176.

[7] Zhao Y, Wang H, Zhang P, et al. Rapid multiplex detection of 10 foodborne pathogens with an up-converting phosphor technology-based 10-channel lateral flow assay. Scientific Reports, 2016, 6: 21342.

[8] Liu X, Zhao Y, Sun C, et al. Rapid detection of abrin in foods with an up-converting phosphor technology-based lateral flow assay. Scientific Reports, 2016, 6: 34926.

[9] Niedbala R S, Feindt H, Kardos K, et al. Detection of analytes by immunoassay using up-converting phosphor technology. Analytical Biochemistry, 2001, 293(1): 22-30.

[10] Zhang P, Liu X, Wang C, et al. Evaluation of up-converting phosphor technology-based lateral flow strips for rapid detection of *Bacillus anthracis* Spore, *Brucella* spp., and *Yersinia pestis*. PloS ONE, 2014, 9(8): e105305.

[11] Posthuma-Trumpie G A, Korf J, van Amerongen A. Lateral flow (immuno) assay: its strengths, weaknesses, opportunities and threats. A literature survey. Analytical and Bioanalytical Chemistry, 2009, 393(2): 569-582.

[12] Yan Z, Zhou L, Zhao Y, et al. Rapid quantitative detection of *Yersinia pestis* by lateral-flow immunoassay and up-converting phosphor technology-based biosensor. Sensors and Actuators B: Chemical, 2006, 119(2): 656-663.

[13] Mokkapati V K, Niedbala R S, Kardos K, et al. Evaluation of UPlink-RSV: prototype rapid antigen test for detection of respiratory syncytial virus infection. Annals of the New York Academy of Sciences, 2007, 1098: 476-485.

[14] Ngom B, Guo Y, Wang X, et al. Development and application of lateral flow test strip technology for detection of infectious agents and chemical contaminants: a review. Analytical and Bioanalytical Chemistry, 2010, 397(3): 1113-1135.

[15] Qian S, Bau H H. A mathematical model of lateral flow bioreactions applied to sandwich assays. Analytical Biochemistry, 2003, 322(1): 89-98.

[16] Zhao Y, Liu X, Wang X, et al. Development and evaluation of an up-converting phosphor technology-based lateral flow assay for rapid and quantitative detection of aflatoxin B1 in crops. Talanta, 2016, 161: 297-303.

[17] Wang X, Li K, Shi D, et al. Development of an immunochromatographic lateral-flow test strip for rapid detection of sulfonamides in eggs and chicken muscles. Journal of Agricultural and Food Chemistry, 2007, 55(6): 2072-2078.

[18] Zuiderwijk M, Tanke H J, Niedbala R S, et al. An amplification-free hybridization-based DNA assay to detect Streptococcus pneumoniae utilizing the up-converting phosphor technology. Clinical Biochemistry, 2003, 36(5): 401-403.

[19] Corstjens P L, Zuiderwijk M, Nilsson M, et al. Lateral-flow and up-converting phosphor reporters to detect single-stranded nucleic acids in a sandwich-hybridization assay. Analytical Biochemistry, 2003, 312(2): 191-200.

[20] Corstjens P L, Chen Z, Zuiderwijk M, et al. Rapid assay format for multiplex detection of humoral immune responses to infectious disease pathogens (HIV, HCV, and TB). Annals of the New York Academy of Sciences, 2007, 1098: 437-445.

[21] Hong W, Huang L, Wang H, et al. Development of an up-converting phosphor technology-based 10-channel lateral flow assay for profiling antibodies against *Yersinia pestis*. Journal of Microbiological Methods, 2010, 83(2): 133-140.

第五章　上转换发光免疫分析仪器的研制

黄惠杰　黄立华　赵永凯[1]

上转换发光免疫分析仪器首先检测得到试纸上 UCP 颗粒在激发光照射下的上转换发光信号经光电转换后的电信号（电压）的分布，而后计算出检测带和质控带内的信号 T 值与 C 值（图 5-1）[1,2]。在实际信号处理与分析中，分别将检测带与质控带信号积分值作为 T 值与 C 值。

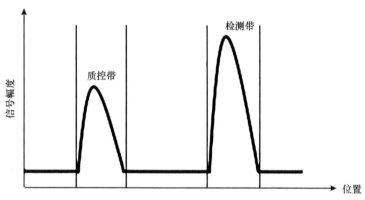

图 5-1　试纸上 UCP 颗粒的上转换发光检测信号分布示意图[1-3]

第一节　照明光和接收光波长

上转换发光免疫分析仪器的光学系统首先需要依据 UCP 颗粒的上转换发光特性确定照明光和接收光的波长，由此选择光源和光电转换器件。

所采用的 UCP 颗粒在 980 nm 波长激发光照射下的发射光谱见图 5-2，其发射主峰波长为 541.5 nm，次峰波长为 669.6 nm。该光谱曲线由 SPR-920D 型光谱辐射分析仪测得[1-3]。由此，光学系统的照明光波长应为 980 nm；接收光波长范围应为 500～700 nm，其中含主峰波长（541.5 nm）。

1 黄惠杰（通信作者），黄立华，赵永凯　中国科学院上海光学精密机械研究所

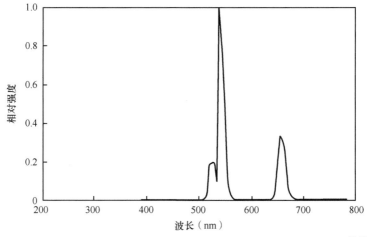

图 5-2 采用的 UCP 颗粒在波长为 980 nm 激发光照射下的发射光谱[1-3]

第二节 仪 器 结 构

上转换发光免疫分析仪器通常采用焦线一维共焦扫描方式，其结构图见图 5-3[3,4]。该类型仪器主要由光学系统、试纸扫描平台、光电转换与信号处理系统、数据采集与控制系统，以及算法模块组成。光学系统以波长为 980 nm 的半导体激光器作光源，以分色镜（反射激光、透射上转换发光，其反射面与光轴夹角为 45°）将激光与上转换发光分离，以光电倍增管（PMT）作为光电转换器件。

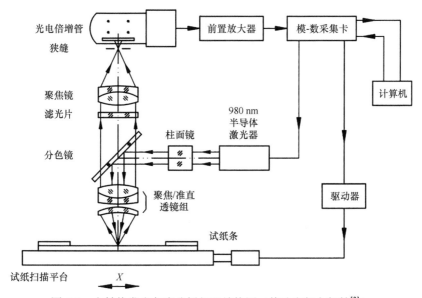

图 5-3 上转换发光免疫分析仪器结构图（修改自赵永凯等[3]）

　　由半导体激光器发出的激光束经准直形成的矩形平行光，先经柱面镜一维聚焦，经分色镜反射，再由聚焦/准直透镜组在试纸表面聚焦成焦线。上转换发光信号经聚焦/准直透镜组准直为平行光，经分色镜和滤光片滤除激发光，再由聚焦镜聚焦在共焦狭缝光阑上，通过光阑的光由光电倍增管转换为电信号。转换后的电信号经前置放大器放大，再由多功能数据采集卡转换成数字信号，由嵌入式计算机采集、存储。通过嵌入式计算机控制试纸扫描平台往返运动，实现对试纸上扫描区域内上转换发光信号的检测。

一、激发光源与照明光路

　　激发光源是波长为 980 nm 的半导体激光器，其输出功率为 20 mW，发射光谱见图 5-4（由 SPEX 1702/04 型光谱仪测得）。光束经准直后的矩形截面宽度（W）和高度（H）分别为 4 mm 与 2 mm。

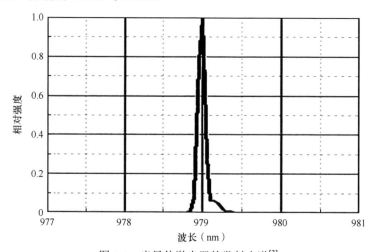

图 5-4　半导体激光器的发射光谱[3]

　　照明光路中的分色镜需要对激发光有高反射率，对上转换发光有高透过率。所用分色镜的光谱透过率曲线见图 5-5（由 PE Lambda 900 型分光光度计测量得到）。在波长 980 nm 处的透过率为 0.88%，若忽略由分色谱基片光吸收引起的光能损失，则反射率为 99.12%；在 500～700 nm 处的透过率在 85%～95%。

　　照明光路与接收光路所共用的聚焦/准直透镜组的数值孔径为 0.386，焦距（f）为 17.659 mm。

　　矩形平行光经过柱面镜后再经聚焦/准直透镜组聚焦在试纸表面。在试纸表面光束沿垂直扫描方向处于离焦位置。

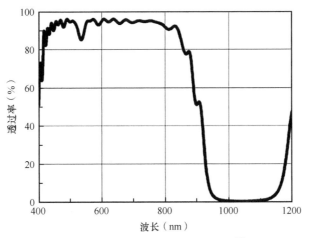

图 5-5　分色镜的光谱透过率曲线[3]

准直光束经聚焦/准直透镜组聚焦后的焦深（depth of focus，DOF）计算公式为式（5-1）。

$$DOF=\lambda/[H/(2f')]^2 \qquad (5\text{-}1)$$

式中，λ 为激发光波长，H 为准直光束的高度。当 λ 为 980 nm，H 为 2 mm 时，由此计算得到 DOF 约为 0.3 mm。

二、接收光路

接收光路包括聚焦/准直透镜组、滤光片、聚焦镜和狭缝光阑。

接收光路中的滤光片用于滤除接收光波长范围以外的杂散光，抑制光学系统的本底噪声，提高信噪比。所用滤光片的光谱透过率曲线见图 5-6，由 PE Lambda 900 型分光光度计测得，在波长为 541.5 nm 处的透过率大于 95%，在激发光波长为 980 nm 处的透过率小于 0.01%。

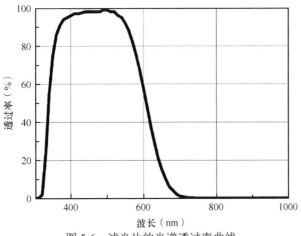

图 5-6　滤光片的光谱透过率曲线

聚焦镜焦距（f_d'）为 25.243 mm。激发光在试纸表面聚焦的焦线尺寸为 18.5 μm×0.90 mm，光电倍增管前与其共轭的共焦光阑为狭缝光阑。狭缝光阑理论上可仅使试纸表面受激发区域内 UCP 颗粒产生的上转换发光通过，试纸表面上下方灰尘颗粒产生的上转换发光和杂散光被聚焦在狭缝光阑外，大大减少了由片基和灰尘产生的背景上转换发光。为便于安装与调试，我们选取的狭缝光阑尺寸为 30 μm×1.4 mm，稍大于理论计算值。

第三节　算 法 模 块

上转换发光免疫分析仪器采用对信号进行互相关处理，再进行检测带和质控带自适应边界提取的数据处理算法[5]。

一、互相关滤波

1. 互相关滤波原理

互相关是分析两个信号之间相似程度的分析方法，可用于信号的检测、识别和提取等。从本质上讲，互相关检测是基于信号和噪声的统计特性进行的。

互相关器的原理见图 5-7。设输入信号为 $x(t)$ 和 $y(t)$，$y(t)$ 为参考信号，其中 $x(t)=s(t)+n(t)$。式中 $s(t)$ 为被测信号，$n(t)$ 为噪声信号。

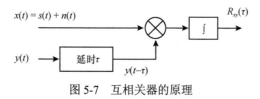

图 5-7　互相关器的原理

假设 $y(t)$ 与 $s(t)$ 相关，而与 $n(t)$ 不相关，互相关器的输出为 $x(t)$ 和 $y(t)$ 的互相关函数 $R_{xy}(\tau)$，计算公式为式（5-2）。

$$R_{xy}(\tau)= \lim_{T \to \infty} \frac{1}{2T} \int_0^T [s(t)+n(t)]y(t-\tau)\mathrm{d}t = R_{sy}(\tau)+R_{ny}(\tau) \qquad (5\text{-}2)$$

式中，T 为信号所在区间，t 为连续时间变量，τ 为 $y(t)$ 相对 $x(t)$ 的延时，$R_{sy}(\tau)$ 为 $y(t)$ 与 $s(t)$ 的互相关函数，$R_{ny}(\tau)$ 为 $n(t)$ 与 $y(t)$ 的互相关函数。由于 $n(t)$ 与 $y(t)$ 不相关，因此 $R_{ny}(\tau)=0$。从而互相关器的输出 $R_{xy}(\tau)=R_{sy}(\tau)$，达到抑制噪声的目的[6]。

2. 离散序列的互相关函数

定义离散输入信号 $[x(n)]$ 和参考信号 $[y(n)]$ 的互相关函数为 $R_{xy}(m)$，其计算公式为式（5-3）。

$$R_{xy}(m)=\sum_{n=-\infty}^{\infty}x(n)y(n-m) \tag{5-3}$$

式中，n 为离散时间变量，m 为延时。在实际工作中，信号 $x(n)$ 和 $y(n)$ 总是有限长的。假设 $n=0\sim N-1$，则计算公式为式（5-4）。

$$R_{xy}(m)=\frac{1}{N-m}\sum_{n=0}^{N-1-m}x(n)y(n-m),\ m=-(N-1)\sim(N-1) \tag{5-4}$$

3. 互相关滤波参考信号的选取

我们尝试以高斯函数作为参考信号对采集到的双抗原夹心法试纸电压信号进行处理。高斯函数的曲线见图5-8，公式为式（5-5）。

$$f(x)=a\times e^{-(x-b)^2/c^2}$$
$$f(x)=a\times e^{-(x-b)^2/2c^2} \tag{5-5}$$

式中，a 是高斯函数曲线的峰值，b 是峰值对应的横坐标，c 即标准差。

本书所研究的信号的检测带和质控带宽度约为 30 个采样点。实验仿真的结果表明，选取 $c^2=16$ 时可得到稳定可靠的检测结果。由于该算法所分析的数据只关心信号的相对大小而不是绝对大小，故可取 $a=1$。b 取为总采样点数的一半。

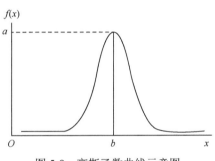

图 5-8　高斯函数曲线示意图

4. 信号的互相关滤波

将仪器采集到的原始信号与所选取的高斯函数参考信号进行互相关滤波处理。实验结果见图5-9，表明互相关滤波能有效抑制噪声信号。

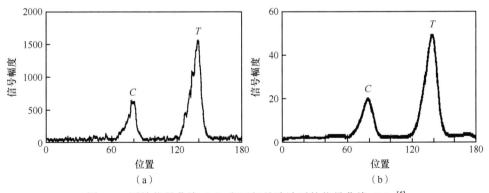

图 5-9　原始信号曲线（a）和互相关滤波后的信号曲线（b）[5]

二、自适应边界提取算法

由图 5-9 可知，经互相关滤波后的信号主要由本底信号、质控带信号（C）和检测带信号（T）组成。该信号有如下特征：①质控带位于检测带之前；②两条带的宽度约为 30 个采样点距；③两条带的中心位置间距约为 60 个采样点距；④两条带的信号幅度大于本底信号幅度；⑤两条带的信号曲线均呈正态分布；⑥本底信号幅度变化平缓。

基于经互相关滤波后的信号的上述特征，分析方法为：①全局搜索，找到最大值（y_1）并记录其坐标位置（x_1）；②将该峰值区域附近的 30 个数据置 0，再全局搜索，找到最大值（y_2）并记录其坐标位置（x_2）；③比较上述 x_1 和 x_2 的大小，较小的作为质控带信号的峰值位置（C_{MaxPos}），另外一个作为检测带信号的峰值位置（T_{MaxPos}），并分别确定其大小（C_{Max} 和 T_{Max}）；④找质控带信号的左边界，从 C_{MaxPos} 向左搜索，判断相邻两点的数据的差值，若小于给定的幅度阈值（THR），则计数器（cnt）的值加 1，若某相邻两点的数据的差值大于阈值（THR），则将 cnt 的值置 0，重新开始计数，若 cnt 的值达到计数阈值（N），则认为找到了边界，否则继续往下查找；⑤找质控带信号的右边界，在 C_{MaxPos} 和 T_{MaxPos} 之间搜索，方法与④相同；⑥找检测带信号的边界，方法与质控带信号的边界定位相同。使用该分析方法对检测带信号和质控带信号进行自适应边界提取的结果见图 5-10。

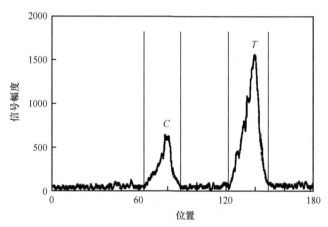

图 5-10　检测带和质控带自适应边界提取的结果[5]

第四节　实　验　结　果

考察本仪器检测性能的实验方式是：对同一待检试纸在开机后、长期工作后两种情况下分别进行多次重复检测[3]。

仪器在开机预热 30 min 后对同一试纸的 12 次重复检测结果见表 5-1 和图 5-11（a），在连续工作 10 h 后的重复检测结果见表 5-2 和图 5-11（b）。分析表明，尽

管 T 值和 C 值会发生变化，但采用 T/C 值作为检测结果的评判值时，在两种情况下的变异系数（CV）均小于 5%，说明本仪器检测性能稳定。

表 5-1　仪器在开机 30 min 后对同一试纸的 12 次重复检测结果

重复检测序号	T（V）	C（V）	T/C
1	1.124 16	2.817 62	0.398 97
2	1.124 86	2.881 77	0.390 34
3	0.955 20	2.465 74	0.387 39
4	1.024 58	2.641 31	0.387 91
5	0.964 18	2.473 30	0.389 83
6	0.992 34	2.496 20	0.397 54
7	0.960 67	2.382 15	0.403 28
8	0.989 44	2.525 27	0.391 82
9	1.024 66	2.590 24	0.395 58
10	0.939 24	2.401 16	0.391 16
11	0.976 77	2.485 45	0.393 00
12	0.955 65	2.410 69	0.396 42
CV	0.062 60	0.062 85	0.012 24

表 5-2　仪器在连续工作 10 h 后对同一试纸的 12 次重复检测结果

重复检测序号	T（V）	C（V）	T/C
1	0.631 65	1.561 67	0.404 47
2	0.582 34	1.485 15	0.392 11
3	0.538 82	1.454 60	0.370 42
4	0.563 21	1.376 70	0.409 10
5	0.563 37	1.333 50	0.422 47
6	0.574 88	1.366 56	0.420 68
7	0.569 58	1.368 72	0.416 14
8	0.553 66	1.303 62	0.424 71
9	0.504 41	1.276 11	0.395 27
10	0.483 46	1.312 83	0.368 26
11	0.526 16	1.297 27	0.405 59
12	0.505 68	1.286 73	0.393 00
CV	0.074 08	0.065 07	0.046 93

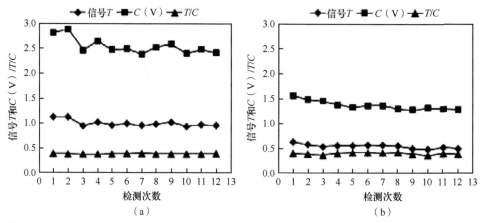

图 5-11　仪器在开机 30 min 后（a）和连续工作 10 h 后（b）对同一待检试纸的 12 次重复检测结果

第五节　结　　语

采用扫描检测方式，我们先后研制成功了 3 种上转换发光免疫分析仪（生物传感器），即 UPT-1 生物传感器、UPT-2 生物传感器与 UPT-3A 上转换发光免疫分析仪，实现了从原理样机、工程样机到临床即时检验（point of care testing，POCT）型检测仪器的优化迭代。

参 考 文 献

[1] 周蕾, 纪军, 杨瑞馥. 上转磷光技术在快速生物分析中的应用. 生物技术通报, 2003, 3: 20-25.

[2] Yan Z, Zhou L, Zhao Y, et al. Rapid quantitative detection of *Yersinia pestis* by lateral-flow immunoassay and up-converting phosphor technology-based biosensor. Sensors and Actuators B, 2006, 119: 656-663.

[3] 赵永凯, 周蕾, 黄惠杰, 等. 基于上转换发光技术的生物传感器及其应用. 光学学报, 2005, 25: 841-847.

[4] 卢健, 周蕾, 赵永凯, 等. 上转换发光免疫试纸条扫描检测系统研究. 光子学报, 2006, 35: 555-560.

[5] 谢承科, 张友宝, 黄立华, 等. 上转换磷光生物传感器信号处理算法. 光子学报, 2009, 38: 3256-3260.

[6] 吉李满, 张海军. 基于互相关的信号检测研究与实现. 吉林工程技术师范学院学报, 2004, 20: 39-41.

第六章　上转换发光诊断技术的产业化

李伯安[1]　张宏刚[2]

上转换发光技术（up-converting phosphor technique，UPT）的产业化基于免疫层析诊断试剂的产业化，取决于具有上转换发光特性的稀土纳米颗粒的规模化制备与化学修饰、生物材料（抗体和抗原）的高效标记、大规模生产中纳米材料团聚现象的克服和检测试纸条的规模化、稳定、可靠的生产，以及上转换发光生物传感器的规模化生产。另外，我国庞大的诊断市场、我国人民日益增长的卫生健康需求也是该技术产业化的重要支撑。

第一节　即时检验技术庞大的市场需求为 UPT 免疫层析诊断试剂的产业化提供了条件

一、即时检验技术的现状

即时检验（point of care testing，POCT）技术是指使用便携仪器或试剂对未知生物或环境样本进行快速检测，以向危害预防部门和临床诊疗提供基础数据的技术。POCT 主要应用于高致病性微生物应急、食物中毒应急、临床急诊急救和床旁诊断等领域，为疾病预防控制部门、军队、公安、消防和反恐、食品安全与药物（毒品）滥用检测部门、医院，以及地震、洪水、泥石流等自然灾害后的卫生防疫等场合提供技术支撑。现代的 POCT 技术是集光机电、新材料、生物科技、信息科学、微纳加工等为一体的高科技结晶。

目前主流的 POCT 产品的特征为定量检测，而第四代 POCT 产品以自动化、信息化和智能化为特征[1]。1995 年美国临床实验室标准化委员会（National Committee for Clinical Laboratory Standards，NCCLS）发表了 AST2-P 文件，这标志着床旁诊断检验标准化管理的起始。POCT 是全球体外诊断（*in vitro* diagnostics，IVD）市场增长最快的领域，市值达数十亿美元[1]。2011 年上市的日本三菱集团（Mitsubishi Group）心脏标志物全自动 POCT 仪器为第四代 POCT 仪器，已经率先进入我国市场。世界范围内，以胶体金免疫层析为代表的低端产品主要生产基

---

1 李伯安　中国人民解放军总医院第五医学中心
2 张宏刚　生物应急与临床 POCT 北京市重点实验室，北京热景生物技术股份有限公司

地在中国和印度，产品种类主要是早孕试纸条，产品附加值非常低，生产企业达到上百家。我国胶体金试剂产值仅约 10 亿人民币，至新型冠状病毒感染疫情前，市场基本不再增长，占比也逐步下降。但新型冠状病毒（SARS-CoV-2）快速检测产品为本已停滞的胶体金市场注入了强心剂。2011 年，我国国家高技术研究发展计划（863 计划）开始第一次立项支持企业进行 POCT 临床应用和产业化。"十一五"国家科技重大专项也有相关传染病诊断研究计划，但是直到 2012 年初，应急管理及 POCT 才被正式列入《医疗器械科技产业"十二五"专项规划》。军事科学院军事医学研究院微生物流行病研究所、上海科润光电技术有限公司、中国科学院上海光学精密机械研究所和北京热景生物技术股份有限公司共 4 家单位合作研发的 UPT 免疫层析诊断试剂属于定量检测试剂，即第三代 POCT 产品，而后续手持型智能 UPT 仪器的上市（目前上市产品为台式 UPT 机）将缩短我国与国外先进水平的差距或赶上国外先进水平。

二、即时检验技术的市场需求

（一）疾控系统应用

POCT 技术对艾滋病[2]、埃博拉出血热[3]、疟疾[4]、梅毒[5]等各种传染病的控制起着至关重要的作用。2010 年海地地震后，检测技术落后、防疫措施不得力导致霍乱长期流行，死亡数千人。2008 年奥运会期间，我国卫生部制定了《奥运会"百日"期间高致病性病原微生物实验室应急检测预案》，准备了多种高致病性病原微生物，如鼠疫耶尔森菌（*Yersinia pestis*）、炭疽杆菌（*Bacillus anthracis*）、布鲁氏菌（*Brucella* spp.）、沙门菌（*Salmonella* spp.）、霍乱弧菌（*Vibrio cholera*）等的应急检测预案，有力保障了我国在奥运会期间的生物安全。

（二）医院临床急救及床旁诊断（POCT）领域应用

临床 POCT 正在引领未来检验医学的大变革。它快速简便、效率高、成本低、标本用量少，不需要专业的临床检验师操作，可以省去诸多标本预处理步骤，以及大型仪器设备检测、数据处理及传输等大量烦琐的过程，直接快速地得到可靠的结果。同时，其试剂稳定且便于保存和携带，可被广泛用于急诊室、检验科、社区基层医院与家庭。以心脏病（心肌梗死、急性心衰竭等）为代表的 POCT 系列产品在国外企业的带领下已经广泛应用于临床[6]。POCT 领域巨头——美国博适股份有限公司（Biosite Incorporated）在 2010 年的公报中指出，其产品主要集中在临床诊断心脑血管、毒品检测等领域。社区预防检测"亚健康状态"的 POCT 新产品，正在成为新兴领域，具有很广阔的市场前景[7]，精准医疗将推动 POCT 的快速发展[8]。

（三）军队和公安消防生物反恐领域应用

"9·11"事件后的"炭疽事件"引起了美国民众的高度恐慌，因此美国政府高度重视生物反恐事件，并制定了三大生物反恐计划。"9·11"事件之后，我国科技部也启动了快速病原检测鉴定专项，从 2006 年开始，科技部和公安部又联合启动了新的生物反恐研究专项。2009 年开始，国家设立的传染病防治科技重大专项也专门立项支持生物快速检测与鉴定研究项目。2011 年消防应急队伍建设方案已经将生物快速检测列入选配装备。

第二节　UPT 产业化的关键环节

一、UPT 与免疫层析技术的结合

UPT 将上转换发光纳米颗粒（up-converting phosphor nanoparticle，UCNP）与多种生物活性分子相结合，再利用微型化的光电子材料开发灵敏、快速、操控简易的生物传感器，并最终应用于生物医学检测领域。目前，国际上美国国防部研制的 UPT 仪器已用于生物反恐，用于定量检测鼠疫耶尔森菌、炭疽杆菌，而美国奥瑞许科技公司（Orasure Technologies, Inc.）研制的 UPT 仪器已用于检测人类免疫缺陷病毒抗体、毒品含量定量检测等。我国国内科研单位军事科学院军事医学研究院微生物流行病研究所杨瑞馥课题组从 2000 年开始在该领域的研究，至今已经 20 余年，已经研制成功鼠疫耶尔森菌、炭疽杆菌、肠出血性大肠埃希菌O157:H7 等定量检测免疫层析试剂，获得授权专利 40 余项，发表相关论文 20 余篇，并研发输出至北京热景生物技术股份有限公司，实现了多种检测试剂盒的产品化。

二、解决 UCP 颗粒与生物分子的高效偶联

纳米颗粒与生物分子的偶联，常规方式有物理吸附（胶体金）以及化学偶联（乳胶或荧光颗粒），但是稀土材料的 UCP 颗粒使用常规偶联方式很难获得有效的标记产物。科研人员在实际工作的摸索中将 UCP 与抗体的结合效率提高了100%～700%，并且将工艺重复性能控制在±30%，检测灵敏度达到 pg 级别，特异性良好。单批次产量可达到 2.4 万人份以上，解决了 UCP 颗粒与抗体的高效偶联，实现了 UCP-生物分子偶联产物的大批量制备。

三、解决包被 PVC 板的均一性和产业化生产

PVC 板只有包被后在均一的环境中干燥，才能保证检测卡条间的精密度。常

规干燥使用烘箱，干燥量受到限制。我国科研人员经过摸索，建立了一套晾干系统，将单批次晾干规模扩展到了 7 万人份以上，实现了包被 PVC 板的产业化。

四、研发出 UCP 颗粒制备的放大工艺

常规实验室进行纳米颗粒的制备，单批次产出量常常在数百毫克，能够实现克以上规模化生产的并不常见。本研究团队通过技术优化，UCP 颗粒的单批次产出可达几十克，为 UPT 试剂盒的产业化提供了坚实的基础。

五、上转换发光生物传感器规模化生产

基于上转换发光技术的生物传感器规模化生产是保障定量检测的重要条件。通过优化传感器的光路、定量分析中去噪和分析软件的优化，生物传感器的生产流水线已得到建立。

第三节　上转换发光诊断技术产业化的社会效益和经济效益

一、已取得国家药品监督管理局医疗器械注册证书及 CE 认证的产品

在上转换发光诊断技术领域，国家药品监督管理局已批准医疗器械注册证书 26 项，其中上转换发光诊断试剂类医疗器械注册证书 23 项、仪器类医疗器械注册证书 3 项（表 6-1）。

表 6-1　国家药品监督管理局已批准的 UPT 相关的医疗器械注册证书

编号	产品名称	注册证号
1	全程 C-反应蛋白（CRP）测定试剂盒（上转发光法）	京械注准 20152400518
2	Ⅳ型胶原（CIV）测定试剂盒（上转发光法）	京械注准 20152400513
3	层粘连蛋白（LN）测定试剂盒（上转发光法）	京械注准 20152400521
4	透明质酸（HA）测定试剂盒（上转发光法）	京械注准 20152400515
5	Ⅲ型前胶原氨基端肽（PⅢNP）测定试剂盒（上转发光法）	京械注准 20152400520
6	血清组织金属蛋白酶抑制因子-1（TIMP-1）测定试剂盒（上转发光法）	京械注准 20152400516
7	心肌肌钙蛋白 I（CTnI）测定试剂盒（上转发光法）	京械注准 20152400514
8	N 端 B 型钠尿肽前体（NT-proBNP）测定试剂盒（上转发光法）	京械注准 20152400519
9	胎儿纤维连接蛋白（fFN）测定试剂盒（上转发光法）	京械注准 20152400517
10	甲胎蛋白（AFP）测定试剂盒（上转发光法）	国械注准 20153401719
11	高尔基体蛋白 73（GP73）测定试剂盒（上转发光法）	国械注准 20163400156
12	降钙素原测定试剂盒（上转发光法）	京械注准 20162401110

续表

编号	产品名称	注册证号
13	心肌脂肪酸结合蛋白测定试剂盒（上转发光法）	京械注准 20162401112
14	D-二聚体测定试剂盒（上转发光法）	京械注准 20162401111
15	人血浆脂蛋白相关磷脂酶 A2 测定试剂盒（上转发光法）	京食药监械（准）字 2014 第 2400950 号（已失效）
16	中性粒细胞明胶酶相关脂质运载蛋白测定试剂盒（上转发光法）	京械注准 20192400367
17	白介素-6 测定试剂盒（上转发光法）	京械注准 20192400364
18	抗环瓜氨酸肽抗体测定试剂盒（上转发光法）	京械注准 20192400363
19	肌红蛋白（MYO）测定试剂盒（上转发光法）	京械注准 20152400217
20	肌酸激酶同工酶（CK-MB）测定试剂盒（上转发光法）	京械注准 20152400191
21	氯胺酮检测试剂盒（上转发光法）	国械注准 20173403282
22	吗啡检测试剂盒（上转发光法）	国械注准 20173403283
23	甲基苯丙胺检测试剂盒（上转发光法）	国械注准 20173403284
24	上转发光免疫分析仪	京械注准 20162220441
25	上转发光免疫分析仪	京械注准 20162220442
26	上转发光免疫分析仪	冀械注准 20202220171

二、上转换发光诊断技术的社会效益

自 2011 年上转换发光诊断技术成功产业化以来，已在全国 2000 余家医院成功应用，涵盖三级甲等综合性医院、二级医院、社区卫生服务站、乡镇卫生院等；在疾病预防控制领域，相关产品广泛应用于国家及各省市疾病预防控制中心；生物战剂及传染病病原体检测试剂已应用于我国 70 多个出入境检验检疫口岸；真菌毒素等检测试剂也已广泛应用于我国大型粮食饲料企业。

截至 2020 年，上转换发光诊断技术已累计实现产值 3.3 亿元、累计缴税 2300 余万元，解决就业 200 余人。北京热景生物技术有限公司作为医学与公共安全检验产品的先进制造商，为推动 UPT 检测产品的产业化作出了较大的贡献。

参 考 文 献

[1] Melo M, Clark S, Barrio D. Miniaturization and globalization of clinical laboratory activities. Clin Chem Lab Med, 2011, 49(4): 581-586.

[2] Fonjungo P, Boeras D, Zeh C, et al. Access and quality of HIV-related point-of-care diagnostic testing in Global Health Programs. Clin Infect Dis, 2016, 62(3): 369-374.

[3] Kost G. Molecular and point-of-care diagnostics for Ebola and new threats: national POCT policy

and guidelines will stop epidemics. Expert Rev Mol Diagn, 2018, 18(7): 657-673.

[4] Keitel K, Kagoro F, Samaka J, et al. A novel electronic algorithm using host biomarker point-of-care tests for the management of febrile illnesses in Tanzanian children (e-POCT): a randomized, controlled non-inferiority trial. PLoS Med, 2017, 14(10): e1002411.

[5] Young N, Taegtmeyer M, Aol G, et al. Integrated point-of-care testing (POCT) of HIV, syphilis, malaria and anaemia in antenatal clinics in western Kenya: a longitudinal implementation study. PLoS ONE, 2018, 13(7): e0198784.

[6] Yang X, Liu L, Hao Q, et al. Development and evaluation of up-converting phosphor technology-based lateral flow assay for quantitative detection of NT-proBNP in blood. PLoS ONE, 2017, 12(2): e0171376.

[7] He W, You M, Wan W, et al. Point-of-care periodontitis testing: biomarkers, current technologies, and perspectives. Trends Biotechnol, 2018, 36(11): 1127-1144.

[8] Carleton P F, Schachter S, Parrish J A, et al. National Institute of Biomedical Imaging and Bioengineering point-of-care technology research network: advancing precision medicine. IEEE J Transl Eng Health Med, 2016, 4: 2800614.

第七章　UPT-POCT 在临床检验医学中的应用

赵　勇[1]　季　华[2]　张宏蕊[2]

临床检验医学是以检验医学为基础、多学科相互渗透融合的一门综合性应用学科，在疾病的诊断、治疗、预后及预防等方面发挥着重要的作用。近年来，随着先进制造和信息技术的快速发展，各种大型、自动化、流水线式的医疗设备在临床检验医学领域得到了广泛的应用，由此带来了检测效率和检测性能方面的显著提升。但是这种自动化仪器设备和系统主要适用于资源条件较好的大型医院中心实验室，并不适用于资源条件一般的基层医疗卫生机构，如县级医院、乡镇卫生院、社区医院等。随着我国分级诊疗制度的实施与推广，基层医疗卫生机构的诊疗能力将面临巨大的压力和挑战。因此，如何满足基层医疗卫生机构在临床检验医学方面的技术需求和能力提升需求，成为当前该学科亟需解决的一个重要问题。

上转换发光即时检验（UPT-POCT）技术具有检测灵敏度高、操作简便和检测速度快等优势，作为新一代精准定量快速检测技术，已成功应用于临床内科检验、急诊检验和战创伤感染诊断等多个检验领域。多年的发展与实践表明，UPT-POCT 技术不仅可作为中心实验室能力的重要补充，也能够为基层医疗卫生机构的诊疗能力提升提供重要的支撑。

第一节　UPT-POCT 在内科学领域中的应用

一、UPT-POCT 在内科肝病诊疗中的应用

肝癌是我国常见的一种恶性肿瘤。早期筛查和早期诊断是预防肝癌、提高肝癌患者生存率最重要的措施之一。肝组织活检一直被作为诊断肝纤维化程度的"金标准"，但肝组织活检具有创伤性，给患者带来的痛苦较大，而且不能在短期内进行多次检测，很难将其作为肝纤维化和肝硬化的常规筛查手段进行大范围推广使用。在进展期肝病的临床诊断与治疗过程中，寻找可以替代肝组织活检的，并可以检测肝损伤、判断肝纤维化程度、辅助诊断肝硬化的血清学指标及其检测方法，一直是肝病诊断研究领域的热点。

针对目前已知的肝纤维化血清学诊断标志物，基于 UPT-POCT 技术平台，国

---

1 赵　勇　军事科学院军事医学研究院微生物流行病研究所，生物应急与临床 POCT 北京市重点实验室
2 季　华　张宏蕊　生物应急与临床 POCT 北京市重点实验室，北京热景生物技术股份有限公司

内企业已先后成功开发出 5 种肝纤维化体外诊断试剂盒，包括：血清透明质酸（HA）、层粘连蛋白（LN）、Ⅳ型胶原蛋白（CIV）、Ⅲ型前胶原氨基端肽（PⅢNP）和血清组织金属蛋白酶抑制因子-1（TIMP-1）测定试剂盒。UPT-POCT 技术及其诊断产品的出现使肝癌高危人群的肝纤维化、肝硬化早期筛查和诊断得以实现，且有效避免了肝组织活检造成的创伤痛苦和其无法普及的缺点。另外，大量研究表明，高尔基体蛋白 73（GP73）是一个非常敏感的肝损伤标志物，是肝炎和显著肝纤维化的独立预测因子[1,2]；基于上转换发光技术平台，国内企业成功开发了国际上首个 GP73 测定试剂盒，并进一步阐明了 GP73 的临床意义和临床价值，对显著肝纤维化、肝硬化诊断，肝病治疗的预后情况评估具有重大临床意义，并可提示肝癌发生的风险。针对终末期肝病，基于 UPT-POCT 国内企业也成功研制出检测甲胎蛋白（AFP）和异常凝血酶原（DCP）的体外诊断试剂盒，主要用于对已确诊肝癌的患者进行动态监测，以辅助判断疾病进程或治疗效果。

二、UPT-POCT 在内科心脑血管循环系统疾病诊疗中的应用

心脑血管循环系统疾病涉及疾病种类较多、发病快、危害大，诊断和救治不及时往往引起严重后果。针对心脑血管循环系统疾病血清学标志物，基于上转换发光技术已开发出多种检测试剂盒，包括心肌肌钙蛋白Ⅰ（cTnI）、心肌肌钙蛋白T（cTnT）、肌酸激酶同工酶（CK-MB）、肌红蛋白（MYO）、心肌脂肪酸结合蛋白（H-FABP）、N 端 B 型钠尿肽前体（NT-proBNP）、人血浆脂蛋白磷脂酶 A2（Lp-PLA2）、D-二聚体（D-dimer）检测试剂盒等，可用于早期诊断心脑血管循环系统疾病、识别疾病危险程度和进行预后判断。

三、UPT-POCT 在内分泌系统疾病诊疗中的应用

内分泌系统疾病一般是指内分泌腺体分泌的激素发生变化导致的各类疾病，其中由性激素中的抗米勒管激素（AMH）异常引起的女性多囊卵巢综合征（PCOS）是育龄期女性最常见的内分泌障碍性疾病，也是无排卵性不孕症的主要病因之一[3,4]，育龄期女性的发病率为 5%～10%，在日益严峻的生活压力下，严重危害女性身心健康。

AMH 是卵巢储备功能指标中最稳定和最准确的血清学标志物[5,6]。目前，检测血液中 AMH 水平的方法主要有酶联免疫吸附分析法、化学发光免疫分析法和免疫层析法，其中，化学发光免疫分析法是目前临床应用最广泛的 AMH 检测方法。相较于化学发光免疫分析法，UPT-POCT 技术具有快速、便捷、操作方便、无须配备大型检测设备等优势，更适合于分级诊疗制度下的基层临床医院使用。基于 UPT-POCT 技术的 AMH 测定产品在检测性能方面虽然略低于化学发光免疫分析法，但可完全满足临床诊断需求。

此外，UPT-POCT 也可应用于类风湿、肾损伤、早产预测等内科疾病的快速诊断。例如，用于类风湿检测的抗环瓜氨酸肽抗体（anti-CCP）测定试剂盒，用于肾损伤检测的中性粒细胞明胶酶相关脂质运载蛋白（NGAL）测定试剂盒，用于早产预测的胎儿纤维连接蛋白（fFN）测定试剂盒等。这些试剂盒均已获得国家药品监督管理局批准的医疗器械注册证书，并在临床应用中得到推广和应用。

第二节　UPT-POCT 在急诊医学领域中的应用

一、急诊医学检验需求

（一）心血管系统疾病急诊检验需求

心血管系统急症主要是急性冠状动脉综合征（ACS）和急性心肌梗死（AMI）。在诊断 ACS 和 AMI 过程中，血管心肌标志物具有重要的诊断价值。其中，肌钙蛋白 I（cTnI）、肌钙蛋白 T（cTnT）和肌酸激酶同工酶（CK-MB）是心肌损伤血清学诊断的重要标志物，能有效、快速、准确地诊断心肌损伤，并对其危险级别进行识别[7]；肌红蛋白（MYO）检测是 AMI 早期诊断的重要血清学指标；此外，心肌脂肪酸结合蛋白（H-FABP）[8]、N 端 B 型钠尿肽前体（NT-proBNP）[9]、人血浆脂蛋白磷脂酶 A2（Lp-PLA2）[10]均是心血管系统疾病早期诊断和危险识别的有益标志物，均已在临床中得到广泛应用。

在 ACS 和 AMI 的诊疗之前，准确并尽早识别高危 ACS 患者和识别极高危 ACS 患者，并对 ACS 危险分层进行准确识别、判断非常重要。2002 年 5 月的《中华医学检验杂志》发表了《心肌损伤标志物的应用准则》建议[11]：检验部门应根据随到随测的原则对心肌损伤标志物进行急性检验，样本从抽血完成到临床医生或急诊科医生获得检验报告的周转时间，即标本周转时间（turnaround time，TAT）应小于 1 h，这就要求接收样本后样本的检测时间一般不能超过 30 min，因此推荐采用 POCT 仪器，检验工作者需积极参与 POCT 仪器的选型，并参与培训和培训急诊诊疗需要的相关人员，如临床医师、护士等正确使用 POCT 仪器和试剂，为 ACS 和 AMI 的早期诊断和疾病的危险级别识别提供支撑。

（二）血栓栓塞性疾病急诊检验需求

血栓栓塞性疾病是由血管内的血栓形成和血栓栓塞引发的疾病，发病率高，占据全球总疾病死亡率的首位，且发病率有逐年上升趋势。急诊血栓栓塞性疾病主要涉及脑、心、肺及外周血管系统，膜动脉血栓形成及血栓栓塞，严重威胁人类生命健康，如何提高血栓栓塞性疾病的防治效果，降低发病率、死亡率、致残率是现代急诊医学研究的重点和热点。

大量研究发现，血浆中 D-二聚体（D-dimer）是纤维蛋白溶解功能的特异性指标，是公认的反映纤维蛋白溶解的标志物之一[12]。D-dimer 是纤维蛋白经过活化因子Ⅷ交联后，再经过纤溶酶作用产生的降解产物。因此，只要血管内有活化的血栓形成或纤维溶解，D-dimer 就会升高。美国、欧洲、中国等多个国家和地区的相关栓塞诊断和治疗指南均推荐用 D-dimer 检测作为急性肺栓塞、深静脉血栓（DVT）形成等的筛选或排除诊断指标。

（三）感染性疾病急诊检验需求

感染性疾病是由细菌或病毒感染所致的疾病。大部分感染性疾病如果确诊及时，干预治疗恰当，都可以尽早治愈。如若不及时诊断和治疗，尤其是对机体免疫力低下的婴幼儿、老年患者，将造成严重危害，严重的可危及生命。

依据《感染相关生物标志物临床意义解读专家共识》推荐[13]，临床常用的感染性疾病标志物包括：降钙素原（PCT）、C 反应蛋白（CRP）、白介素-6（IL-6）、血清淀粉样蛋白 A（SAA）等，单独使用或联合使用均能有效地对细菌感染、病毒感染、全身脓毒症感染等感染性疾病进行早期、准确的诊断，并提供干预治疗的检测依据[14]。

二、UPT-POCT 在急诊医学检验中的应用

针对上述急诊检验需求，国内企业已开发出多种 UPT-POCT 检测试剂盒，可用于心血管疾病诊断标志物（如 cTnI、CK-MB、MYO 等）、血栓栓塞性疾病诊断标志物（D-dimer）和急性感染性疾病诊断标志物（PCT、CRP、IL-6）的快速检测（表 7-1）。经过大量临床样本验证，这些试剂盒对上述疾病诊断标志物均呈现出良好的检测灵敏度和定量范围，可以满足急诊医学的检测需求。

表 7-1　可用于急诊医学检验的 UPT-POCT 检测试剂盒及其检测性能

编号	检测试剂盒	最低检测限	定量范围
1	肌钙蛋白 I（cTn I）	0.1 ng/ml	0.1～40 ng/ml
2	肌酸激酶同工酶（CK-MB）	2 ng/ml	2～500 ng/ml
3	肌红蛋白（MYO）	5 ng/ml	5～1000 ng/ml
4	心肌脂肪酸结合蛋白（H-FABP）	1 ng/ml	2～100 ng/ml
5	N 端 B 型钠尿肽前体（NT-proBNP）	5 pg/ml	5～35 000 pg/ml
6	人血浆脂蛋白磷脂酶 A2（Lp-PLA2）	5 ng/ml	5～800 ng/ml
7	D-二聚体（D-dimer）	25 ng/ml	50～2500 ng/ml
8	降钙素原（PCT）	0.02 ng/ml	0.02～50 ng/ml
9	C 反应蛋白（CRP）	0.5 ng/ml	0.5～150 ng/ml
10	白介素 6（IL-6）	4 pg/ml	4～4000 pg/ml

第三节 UPT-POCT 在战创伤医学检测中的应用

一、战创伤医学检测概述

战创伤感染是战场环境下常见的并发症，如处理不及时，可引发脓毒症、脓毒症休克和多器官功能障碍综合征等继发症，甚至引发死亡[15]。此外，战场环境复杂，地域广大，救治时间紧迫，不确定因素多，在这种特殊环境下，快速且准确地诊治战创伤感染和继发脓毒症，对于提高伤员救治率至关重要。如何有效遏制战创伤感染及其后续继发脓毒症的发生和发展，是军事医学研究的一个重点，也是减少军队减员、提高军队战斗力的一个关键[16]。

此外，在非军事行动中，快速、准确诊断创伤感染和继发脓毒症同样也具有重要意义。如在地震、水灾、火灾、爆炸、意外交通事故等灾害事故中，创伤感染引发的脓毒症也是严重危害在灾害中生还伤员的生命健康的重要因素之一。近年来，国内外高度重视战创伤早期急救治疗研究，以期能使轻、中度伤员迅速恢复作战能力。为了实现战时伤病早期救治，对现场战创伤评估判断以及相关 POCT 技术提出了更高的要求。

传统的战创伤感染和继发脓毒症的临床诊断方法主要依靠显微镜检和微生物培养。镜检法仅能用于形态和染色上有明显特征的致病菌，而培养法平均检测周期为 48～72 h，培养时间漫长[17]，往往延误疾病的诊治，甚至导致脓毒症患者的死亡。此外，临床现行的大型生化检测设备通常不便于携带，环境适应性差，无法满足现代化战争及未来战争的复杂环境变化的需要。因而，能够适应战场复杂环境进行创伤感染和继发脓毒症诊断的小型便携化设备与诊断试剂成为研究热点。

二、UPT-POCT 技术在战创伤感染继发脓毒症检测中的应用

目前，在上转换发光技术平台上已成功开发出适合战创伤检测的便携式上转换发光免疫分析仪，以及 PCT、IL-6 和 CRP 等炎症标志物的 UPT-POCT 检测试剂，为战创伤感染和继发脓毒症的早期诊断提供了一套快速而有效的解决方案。

（一）便携式上转换发光免疫分析仪

上转换发光免疫分析仪主要有两种类型，一种为可临床应用的台式 UPT-3A 免疫分析仪，另一种为手持式 UPT-3A 免疫分析仪，两种均可用于战场环境下的战创伤诊治（图 7-1）。台式 UPT-3A 免疫分析仪可搭载至野外检测车或临时帐篷医院开展相关战创伤的诊断。手持式 UPT-3A 免疫分析仪（mini-UPT-3A）则具有更小巧的尺寸和更便携的特点，并配备可待机不低于 4 h 的电池，能够满足战时特殊环境的需求，特别适合在野外开展战创伤感染继发脓毒症的早期检测。

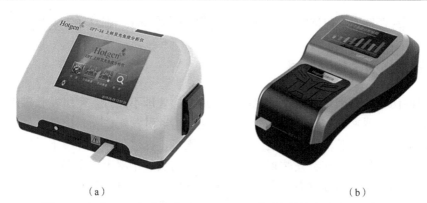

　　（a）　　　　　　　　　　　　　　　　　　（b）

图 7-1　台式（a）和手持式（b）UPT-3A 系列上转换发光免疫分析仪

　　UPT-3A 免疫分析仪和 mini-UPT-3A 免疫分析仪在性能指标上相同，均对操作人员的技术水平没有特别要求，经过简单培训即可使用，操作方便快捷。配套的 PCT、IL-6 和 CRP 三种战创伤炎症标志物检测试剂可以随身携带或储存于便携运输箱中，随前方卫生员突入战区，便于随地对战创伤患者进行及时诊治。

（二）基于 UPT-POCT 技术的战创伤感染诊断试剂

　　UPT-POCT 诊断试剂在战创伤感染继发脓毒症检测中具有较大优势：①检测速度快、灵敏度高、可定量；②特异性高，抗干扰能力强，稳定性强；③样品适用性较强，可直接检测成分复杂的样品[18,19]；④操作简单，无须实验室条件下的复杂仪器、设备，适用于战争环境作业；⑤可单兵携带，可装载于检测车上或帐篷医院内。

　　目前，基于 UPT-POCT 技术平台的 PCT、IL-6 和 CRP 感染诊断指标检测试剂均已被成功研制，并在临床得到了广泛推广和应用，其主要参数详见表 7-2。

表 7-2　PCT、IL-6、CRP 感染诊断指标检测产品的特性类别及参数

序号	产品特性类别	产品特性参数		
		PCT	IL-6	CRP
1	检验原理	双抗体夹心免疫层析法		
2	样本要求	全血、血清、血浆		
3	样本量（μl）	100	100	5～10
4	反应时间（min）	15～20	15～20	3
5	线性范围（ng/ml）	0.02～50	4～4000	0.5～150
6	精密性（%）	≤15	≤15	≤15
7	特异性	与高浓度胆红素、人血清白蛋白等无交叉反应		
8	预期用途	细菌感染及脓毒症的辅助诊断		

国内外研究显示，结合、参照患者的临床表现，综合分析多个感染性指标，可以更加准确地鉴别患者的感染类别，从而避免单一指标可能引起的判断的误差，为临床医师提供更加准确的诊断信息。研究显示，血清 IL-6、PCT 和 CRP 可联合应用于脓毒症的检测[20,21]。其中，IL-6 在出现明显的脓毒症症状前即有所升高，是最先出现变化的血清标志物，是脓毒症早期敏感性的预警指标[22]；PCT 峰值在 24 h 以后出现，半衰期较长，是细菌感染性脓毒症的特异性确诊指标[23]；CRP 非特异升高，可作为辅助诊断指标[24]；三者联合可用于持续动态监测脓毒症高危人群，具有早期发现和早期治疗的重要价值。

综上，UPT-POCT 技术作为新一代即时检验技术，目前已成功应用于多种疾病的早期诊断和筛查，极大地弥补了传统方法在检测范围、敏感性和周转时间等方面的不足。在未来的发展方向上，UPT-POCT 技术将在高度自动化、智能化、高通量的方向上持续优化和转化，为临床检验、诊断、干预治疗和预后观测等提供高效、精准的技术支撑。但需要注意的是，当这些新技术被引入临床应用时，临床实验室务必做好质量控制、临床沟通和结果解释，确保新技术在实际应用中的有序发展及合理应用。

参 考 文 献

[1] Gu Y, Chen W, Zhao Y, et al. Quantitative analysis of elevated serum Golgi protein-73 expression in patients with liver diseases. Annals of Clinical Biochemistry, 2009, 46(1): 38-43.

[2] Tian L, Wang Y, Xu D, et al. Serological AFP/Golgi protein 73 could be a new diagnostic parameter of hepatic diseases. International Journal of Cancer, 2011, 129(8): 1923-1931.

[3] Durlinger A. Regulation of ovarian function: the role of anti-Mullerian hormone. Reproduction, 2002, 124(5): 601-609.

[4] Goodarzi M O, Dumesic D A, Chazenbalk G, et al. Polycystic ovary syndrome: etiology, pathogenesis and diagnosis. Nature Rreviews Endocrinology, 2011, 7(4): 219-231.

[5] van Rooij I A, Broekmans F J, Scheffer G J, et al. Serum antimullerian hormone levels best reflect the reproductive decline with age in normal women with proven fertility: a longitudinal study. Fertility and Sterility, 2005, 83(4): 979-987.

[6] 陈玲，项双卫. 抗缪勒管激素对卵巢功能的调节及预测作用. 医学综述，2013, 19(8): 1400-1402.

[7] Kehl D W, Iqbal N, Fard A, et al. Biomarkers in acute myocardial injury. Translational Research, 2012, 159(4): 252-264.

[8] Tanaka T, Sohmiya K, Kitaura Y, et al. Clinical evaluation of point-of-care-testing of heart-type fatty acid-binding protein (H-FABP) for the diagnosis of acute myocardial infarction. Journal of Immunoassay and Immunochemistry, 2006, 27(3): 225-238.

[9] Januzzi J L, van Kimmenade R, Lainchbury J, et al. NT-proBNP testing for diagnosis and short-term

prognosis in acute destabilized heart failure: an international pooled analysis of 1256 patients: the International collaborative of NT-proBNP study. European Heart Journal, 2006, 27(3): 330-337.

[10] Macphee C H, Nelson J J, Zalewski A. Lipoprotein-associated phospholipase A2 as a target of therapy. Current Opinion in Lipidology, 2005, 16(4): 442-446.

[11] 杨振华, 潘柏申, 许俊堂. 中华医学会检验学会文件 心肌损伤标志物的应用准则. 中华检验医学杂志, 2002, 3(25): 185-189.

[12] Wells P S, Anderson D R, Rodger M. Evaluation of D-Dimer in the diagnosis of suspected deep-vein thrombosis. ACC Current Journal Review, 2004, 13(1): 15.

[13] 中国医药教育协会感染疾病专业委员会. 感染相关生物标志物临床意义解读专家共识. 中华结核和呼吸杂志, 2017, 40(4): 243-257.

[14] Goulart L R, Vieira C U, Freschi A P P, et al. Biomarkers for serum diagnosis of infectious diseases and their potential application in novel sensor platforms. Critical Reviews in Immunology, 2010, 30(2): 201-222.

[15] Tribble D R, Conger N G, Fraser S, et al. Infection-associated clinical outcomes in hospitalized medical evacuees after traumatic injury: trauma infectious disease outcome study. J Trauma, 2011, 71(1 Suppl): S33-42.

[16] O'Brien K, Cadbury N, Rollnick S, et al. Sickness certification in the general practice consultation: the patients' perspective, a qualitative study. Fam Pract, 2008, 25(1): 20-26.

[17] Xafranski H, Melo A S, Machado A M, et al. A quick and low-cost PCR-based assay for *Candida* spp. identification in positive blood culture bottles. BMC Infect Dis, 2013, 13: 467.

[18] Zhang P, Liu X, Wang C, et al. Evaluation of up-converting phosphor technology-based lateral flow strips for rapid detection of *Bacillus anthracis* spore, *Brucella* spp., and *Yersinia pestis*. PloS ONE, 2014, 9(8): e105305.

[19] Li L, Zhou L, Yu Y, et al. Development of up-converting phosphor technology-based lateral-flow assay for rapidly quantitative detection of hepatitis B surface antibody. Diagnostic Microbiology and Infectious Disease, 2009, 63(2): 165-172.

[20] Plesko M, Suvada J, Makohusova M, et al. The role of CRP, PCT, IL-6 and presepsin in early diagnosis of bacterial infectious complications in paediatric haemato-oncological patients. Neoplasma, 2016, 63(5): 752-760.

[21] Gao L, Liu X, Zhang D, et al. Early diagnosis of bacterial infection in patients with septicopyemia by laboratory analysis of PCT, CRP and IL-6. Exp Ther Med, 2017, 13(6): 3479-3483.

[22] Damas P, Ledoux D, Nys M, et al. Cytokine serum level during severe sepsis in human IL-6 as a marker of severity. Annals of Surgery, 1992, 215(4): 356.

[23] Azevedo J D, Torres O, Malafaia O. Procalcitonin as a prognostic biomarker of severe sepsis and septic shock. Revista Do Colégio Brasileiro De Cirurgiões, 2012, 39(6): 456-461.

[24] Su L, Feng L, Song Q, et al. Diagnostic value of dynamics serum sCD163, sTREM-1, PCT, and CRP in differentiating sepsis. Mediators Inflamm, 2013, 2013(5): 969875.

第八章　UPT-POCT 在灾害医学检测中的应用

张平平[1]　杨晓莉 [2]

我国灾害类型多样且发生频度高，为世界上自然灾害较为严重的国家之一[1]。在我国参与灾害救援行动的主要为军队和应急管理部[2]。灾害医学救援不仅涉及伤病员的救治，还包括从人群或自然环境中的水体和土壤中及时监测并发现由灾害引起的流行病病原体，从而预防疾病蔓延造成次生灾害。灾害现场可能面临设备和专业人员短缺，以及电源和通信中断等问题。在灾害现场担当检验工作的人员可能同时兼顾抽血、输血和仪器设备维修等工作，因此，操作简便、便携和快速的即时检验（point of care testing，POCT）技术在灾害救援中发挥着不可或缺的重要作用，可以为整个医疗救援提供大量不可替代的实验诊断数据。而 UPT-POCT 作为 POCT 代表性技术平台，具有轻巧便携，操作简易、快速、准确、可靠和所需样本微量的特点，同时在极端环境条件下也能使用，可以满足灾害现场各种检测需求。

第一节　灾害医学检测的特点

一、国内外灾害医学紧急救援的现状分析

世界卫生组织（WHO）对灾害（灾难）的定义为：任何能引起设施破坏、经济严重损失、人员伤亡、人的健康状况及社会卫生服务条件恶化的事件，当其破坏力超过了当地所能承受的程度而不得不向该地区以外的地区求援时，就可以认为灾害（或灾难）发生了[1]。灾害既包括气象、地质、地震灾害，水灾和生物灾害等自然灾害，也包括人为因素导致的火灾、爆炸和恐怖袭击等人为灾害。

灾害医学是研究在各种灾害下实施紧急医学救治、疾病防治和卫生保障的一门学科。目前全球存在两种模式，即英美模式和法德模式，前者为专业人员进行院外救援并随后将患者送至医院急诊科救治，而后者为医师在院外实施急救治疗。我国采用现场救护和分送患者到医院相结合的模式[3]。便携的医学救援和检验设备符合现代医学救援发展方向。

---

1 张平平　军事科学院军事医学研究院微生物流行病研究所，生物应急与临床 POCT 北京市重点实验室
2 杨晓莉　解放军总医院第三医学中心（原武警总医院）

二、灾害救援中医学检测工作的特点

灾害的突发性和不确定性使得灾害医学检验具有任务重、需求多变、工作环境差、专业人员缺失和设施设备不完善的特点。

（一）检验工作量大

检验工作为灾害医学救援的临检、生化、免疫、输血和传染病监测等项目提供了基础实验诊断数据，项目内容繁杂，且现场检测难度较大。

（二）对检验人员的综合素质要求高

检验人员必须独立负责灾害救援现场检验、检疫、抽血、输血、流行病学监测、试剂耗材和仪器设备管理与维修等工作，其必须拥有较高的综合素质和全面的技能知识[4]。

（三）对试剂盒、仪器设备及试剂要求高

灾害现场可能面临交通、电源和通信中断及条件简陋等情况，容易影响医学检验设备和试剂性能[5]，因此灾害救援中医学检测对试剂盒、仪器设备及试剂要求高。

第二节　灾害医学检测项目的需求

灾害医学救援具有应急性、复杂性、时空广泛性及不确定性等特点。检验医学在涵盖临检、生化、免疫、微生物和输血等各项检测的基础上，应根据季节和灾害种类适时增加其他检测项目，如在灾害地区流行的血吸虫病、疟疾、登革热和霍乱[6]等疾病；而对于地震、洪水、火灾和有毒化学品泄漏等不同种类的灾害，需要有相适宜的检验项目组合对人员进行综合救治[7]。大规模灾害现场可能与外界隔绝，水、电、通信和运输系统瘫痪，中心实验室大型分析仪器将无法到达现场开展工作，而可移动、便携式的POCT仪器或检验试纸条成为紧急医疗的首选。POCT可在现场完成伤员的全面体检，为临床医师提供治疗必需的病情资料，提高救治的成功率[8]。因此，灾害医学中的POCT系统需要配置易携带、自带电源和性能稳定的仪器以及易于保存的试剂，并且操作简单、检测速度快和抗干扰能力强，以保证快速精准的医学检验。

一、地震灾害中常见疾病及相关检测项目概述

地震导致的挤压综合征和重要脏器损伤是伤员死亡的主要原因，其中挤压综

合征主要表现为损伤、局部感觉障碍及急性肾功能衰竭。中性粒细胞明胶酶相关脂质运载蛋白（neutrophil gelatinase-associated lipocalin，NGAL）升高较肾损伤分子等其他常规指标出现异常更早，是早期诊断急性肾损伤最有效的血清学标志[9,10]。除挤压综合征外，地震还会导致骨折、休克、骨骼肌和心肌损伤，其中尤其是心脏功能指标需要得到监测。另外，因为地震现场环境严重污染，抢救伤员设施差，伤员伤口容易被各种致病菌感染。感染性疾病检测标志物降钙素原（PCT）、C 反应蛋白（CRP）和白介素-6（IL-6）可以有效地对细菌感染、病毒感染或全身脓毒症感染进行早期准确诊断。

地震造成环境恶化，导致阻止疾病传播的环境屏障作用减弱。环境问题主要涉及人畜排泄物（污水、污物）和遇难者尸体等，其均会引起细菌、霉菌、蚊蝇和寄生虫的滋生。同时受到破坏的当地供水系统会增加肠道传染病的发病率，导致如霍乱、血吸虫病以及钩端螺旋体病等经水传播的传染病流行。因此，地震灾害中要进行传染病检测，而在炭疽、布鲁氏菌病和鼠疫等自然疫源地区域还必须做好针对此类烈性传染病的检测与监测。

二、洪水灾害中常见疾病及相关检测项目概述

我国是世界上水灾频发的国家之一。洪水会引发溺水、低体温和其他多种人体损伤，灾民的集中安置会增加传染性疾病暴发的可能。有研究表明，灾后伤寒、副伤寒、肝炎、胃肠炎和麻疹的发病率有所增加，因此要关注发热和腹泻[11]相关症状的疾病[12]。此外，洪水灾害常导致饮用水源污染，相关食源性病原微生物的检验也是洪灾防疫检验的重点项目。

三、火灾及爆炸灾害中常见疾病及相关检测项目概述

火灾发生后伤员需要输血和输液，需要进行血气分析和电解质分析。感染与脓毒血症是烧伤常见并发症，常见病原菌的微生物检验有助于监控病情。爆炸会导致重要内脏损伤和机械损伤，如果伤员有多处擦伤、切割伤，治疗不及时容易导致创面感染。因此，在火灾和爆炸灾害中，感染性疾病检测标志物（PCT、CRP和 IL-6）是重点检测项目。

第三节　灾害医学 UPT-POCT 检测项目

上转换发光即时检验（UPT-POCT）技术是将 UCP 颗粒作为标记物与经典的免疫层析技术相结合，通过扫描分析光电信号实现对目标抗原或抗体的现场快速检测。与传统胶体金免疫层析法相比，它不仅克服了免疫层析只能定性而不能定量的缺陷，而且具有发光稳定、无背景干扰和检测灵敏度高等特点，是 POCT 第

三代精准定量检测产品的代表性技术平台。UPT-POCT 具有轻巧、便携、操作简易和所需样本微量的优势，可满足在灾害现场极端环境条件下的检测要求。内置芯片或外置条形码、二维码的样本信息存储方式，使得在检测时可直接读取产品信息。检测结果可以通过 UPT-3A 系列上转换发光免疫分析仪的内置打印机直接打印，在基础设施简陋的灾害现场不受设施设备短缺的限制，可以保证检测工作的顺利开展。最重要的是在 20 min 内可以迅速读取检测结果，试剂在 4～30℃的储存条件下可以稳定保存，这在灾害医学现场检测中具有较大的实用价值。

灾害医学中 MYO、CK-MB、cTnI、hFABP、NT-proBNP [13]、Lp-PLA2 等心脏检测标志物和血栓栓塞性疾病标志物 D-dimer 等的 UPT-POCT 项目，请参照第七章"UPT-POCT 在临床检验医学中的应用"；感染性疾病标志物 PCT、CRP 和 IL-6 等的 UPT-POCT 项目，请参照第七章第三节"UPT-POCT 在战创伤医学检测中的应用"。灾害医学救援中常见肠道传染病的病原菌主要包括霍乱弧菌 O139（*Vibrio cholerae* O139）、霍乱弧菌 O1（*Vibrio cholerae* O1）、伤寒沙门菌（*Salmonella typhi*）、肠出血性大肠埃希菌 O157：H7（*Escherichia coli* O157：H7）和金黄色葡萄球菌（*Staphylococcus aureus*）等，这些常见食源性致病菌的检测请参见第九章"UPT-POCT 在食品安全相关主要致病微生物检测中的应用"[14,15]。如果灾害发生地同时也是某些烈性传染病的自然疫源地，则相关烈性病原体的 UPT-POCT 请参见第十四章"UPT-POCT 在生物反恐和安全领域的应用"。

第四节　应 用 情 况

目前，UPT-POCT 的检验设备和试剂已被广泛商品化，且具有体积小、便携、操作简单、机动性强和检验项目实用等特点，可以满足灾害现场快速检验的需求。UPT-POCT 已成功应用于全国各级疾病预防控制中心、公安、消防、军队和口岸检验检疫等部门，其中适用于灾害现场常见疾病检测的上转换发光产品如表 8-1 所示。

表 8-1　适用于灾害现场常见疾病检测的上转换发光产品目录

序号	产品名称
1	中性粒细胞明胶酶相关脂质运载蛋白（NGAL）测定试剂盒（上转发光法）
2	肌钙蛋白 I（cTn I）测定试剂盒（上转发光法）
3	肌酸激酶同工酶（CK-MB）定量测定试剂盒（上转发光法）
4	肌红蛋白（MYO）定量测定试剂盒（上转发光法）
5	心肌脂肪酸结合蛋白测定试剂盒（上转发光法）
6	N 端 B 型钠尿肽前体（NT-proBNP）测定试剂盒（上转发光法）
7	人血浆脂蛋白磷脂酶 A2（Lp-PLA2）测定试剂盒（上转发光法）
8	降钙素原测定试剂盒（上转发光法）

续表

序号	产品名称
9	C 反应蛋白测定试剂盒（上转发光法）
10	白介素 6 测定试剂盒（上转发光法）
11	霍乱弧菌 O139 检测试剂盒（上转发光法）
12	霍乱弧菌 O1 检测试剂盒（上转发光法）
13	伤寒沙门菌检测试剂盒（上转发光法）
14	肠出血性大肠埃希菌 O157:H7 检测试剂盒（上转发光法）
15	鼠疫耶尔森菌检测试剂盒（上转发光法）
16	金黄色葡萄球菌检测试剂盒（上转发光法）
17	诺如病毒检测试剂盒（上转发光法）

总之，多年来全球范围内处置灾害事件的经验证明了 POCT 的作用和可行性。POCT 在灾害医学中的应用为相关管理部门应急处置、急救实施、环境检测和预警启动等决策提供了科学依据。UPT-POCT 作为 POCT 的代表性技术，满足了现场快速检测与应急处置的需求，是灾害医学检验的首选。UPT-POCT 可以在"最短的时间"于"事发现场"实现可疑样品中"未知靶标"的快速定量检测，能够提高灾害医学救援的处置能力，为国家生物安全、灾害救援、人民健康、经济发展和社会稳定提供强有力的支撑。

参 考 文 献

[1] 岳茂兴, 王立祥, 李奇林. 灾害事故现场急救与卫生应急处置专家共识(2017). 中华卫生应急电子杂志, 2017, (1): 7-17.

[2] 孙福桓. 论武警部队灾害医学救援应把握的问题. 灾害医学与救援, 2016, 5(2): 84-85.

[3] 赵金龙, 熊光仲. 浅谈我国医学救援模式与装备. 中国急救复苏与灾害医学杂志, 2013, 8(7): 641-643.

[4] 杜丹, 胡成进, 王宝成. 灾害救援行动中检验医学特点及应急管理. 实用医药杂志, 2014, 31(1): 90-91.

[5] 曹加兴. 灾害医学救援中军队医学检验面临问题与对策. 西南国防医药, 2012, 22(4): 441-442.

[6] Siddique A K, Salam A, Islam M S, et al. Why treatment centres failed to prevent cholera deaths among Rwandan refugees in Goma, Zaire. Lancet, 1995, 345(8946): 359-361.

[7] 刘阳, 喻红波, 简明. 灾害医学救援中的医学检验工作初探. 灾害医学与救援(电子版), 2015, 4(1): 30-31.

[8] 胡娟, 李帅, 邓贵福. POCT 优势集成反应系统在灾难医学中的应用. 微循环学杂志, 2009,

19(4): 56-57.

[9] 陶怡婷, 周竹, 白云凯. 急性肾损伤早期标志物及其在体外循环术后应用的研究进展. 医学综述, 2013, 19(6): 986-988.

[10] Noto A, Cibecchini F, Fanos V, et al. NGAL and metabolomics: the single biomarker to reveal the metabolome alterations in kidney injury. BioMed Res Int, 2013, (3): 612032.

[11] Yip R, TW S. Acute malnutrition and high childhood mortality related to diarrhea. Lessons from the 1991 Kurdish refugee crisis. JAMA, 1993, 270(5): 587-590.

[12] 滕怀金, 冯聪, 黎檀实. 洪水灾害的医学救援. 临床急诊杂志, 2013, (7): 319-320.

[13] Yang X, Liu L, Hao Q, et al. Development and evaluation of up-converting phosphor technology-based lateral flow assay for quantitative detection of NT-proBNP in blood. PLoS ONE, 2017, 12(2): e0171376.

[14] 王静, 周蕾, 李伟, 等. 上转磷光免疫层析检测肠出血性大肠杆菌 O157. 中国食品卫生杂志, 2007, 19(1): 41-44.

[15] Zhao Y, Wang H, Zhang P, et al. Rapid multiplex detection of 10 foodborne pathogens with an up-converting phosphor technology-based 10-channel lateral flow assay. Sci Rep, 2016, 6: 21342.

第九章 UPT-POCT 在食品安全相关常见致病微生物检测中的应用

张平平　杨瑞馥[1]

第一节　食品安全相关微生物检测的特点

食品安全相关微生物是影响食品质量和安全的主要因素之一[1]，2015 年世界卫生组织将世界卫生日的主题定为"食品安全"。据世界卫生组织的不完全统计，全球每年发生的食源性疾病多达 6 亿例，其中 2010 年有 42 万人死于沙门氏菌和大肠杆菌感染等疾病。食源性致病菌已经引起过许多重大公共卫生事故，如 1996 年日本肠出血性大肠埃希 O157:H7（*E. coli* O157:H7）食物中毒事件，所涉及的感染人数超过 1 万人；2005 年东南亚禽流感病毒污染食品事件、2011 年美国单核细胞增生李斯特菌（*Listeria monocytogenes*）污染甜瓜事件和由活禽引发的沙门菌（*Salmonella* spp.）疫情，其所波及的地域范围均极为广泛。我国每年由食源性致病微生物引起的食物中毒人数约占各类食源性疾病患病总人数的 40%～60%。

一、食品安全相关致病微生物的种类

食品安全中主要的致病菌为沙门菌、单核细胞增生李斯特菌、肠出血性大肠埃希菌 O157:H7、霍乱弧菌（*Vibrio cholerae*）、副溶血弧菌（*Vibrio parahaemolyticus*）、金黄色葡萄球菌（*Staphylococcus aureus*）、阪崎肠杆菌（*Cronobacter sakazakii*）和志贺菌（*Shigella* spp.），除此之外，还包括布鲁氏菌（*Brucella* spp.）、肉毒梭菌（*Clostridium botulinum*）、椰毒假单胞菌（*Pseudomonas cocovenenans*）、空肠弯曲菌（*Campylobacter jejuni*）和蜡样芽孢杆菌（*Bacillus cereus*）等多种致病菌。

（一）沙门菌

沙门菌是沙门氏菌病的病原体，肠杆菌科，革兰氏阴性肠道杆菌。与人体疾病有关的主要包括甲型副伤寒沙门菌（*Salmonella paratyphi* A）、乙型副伤寒沙门

1 张平平，杨瑞馥　军事科学院军事医学研究院微生物流行病研究所，生物应急与临床 POCT 北京市重点实验室

菌（*Salmonella paratyphi* B）、丙型副伤寒沙门菌（*Salmonella paratyphi* C）、伤寒沙门菌（*Salmonella typhi*）、鼠伤寒沙门菌（*Salmonella typhimurium*）、肠炎沙门菌（*Salmonella enteritidis*）和猪霍乱沙门菌（*Salmonella choleraesuis*）。沙门菌在低温下可生存 3～4 个月，是全球细菌性食物中毒的主要致病菌[2]，是中国计量认证/认可检测中必检的卫生指标之一。

（二）单核细胞增生李斯特菌

单核细胞增生李斯特菌属李斯特菌属，为革兰氏阳性短杆菌，兼性厌氧，其临床症状主要表现为败血症、脑膜炎和单核细胞增生等。单核细胞增生李斯特菌可以污染水产品、奶制品、肉类和蔬菜等多种类型的食品。

（三）肠出血性大肠埃希菌 O157:H7

肠出血性大肠埃希菌 O157:H7 属肠杆菌科埃希菌属，革兰氏阴性短杆菌，有荚膜，能引起腹泻、出血性肠炎、溶血性尿毒综合征、紫癜等多种疾病；尤其对儿童与老人影响巨大，病情严重者甚至会危及生命。肠出血性大肠埃希菌 O157:H7 主要存在于肉类制品和蔬菜制品中，世界多个国家均发生过因食用被肠出血性大肠埃希菌 O157:H7 污染的牛肉及蔬菜制品引发的食品安全事件。

（四）金黄色葡萄球菌

金黄色葡萄球菌属葡萄球菌属，革兰氏阳性菌，球形，不规则排列成葡萄串状。金黄色葡萄球菌在生长繁殖过程中能产生肠毒素，对肠道破坏性大，也是人类化脓感染中最常见的病原菌。金黄色葡萄球菌可存在于奶、肉、蛋、鱼及其制品等食品中，也广泛地存在于空气、水、饲料、土壤、灰尘及人和动物的排泄物中。

（五）副溶血弧菌

副溶血弧菌属弧菌属，革兰氏阴性菌，主要污染鱼、虾、蟹、贝类和海藻等水产制品或者交叉污染肉制品等，是我国沿海及部分内地区域食物中毒的主要致病菌。副溶血弧菌对人和动物均有较强的毒力，临床上以腹痛、呕吐、腹泻及水样便为主要症状。

（六）阪崎肠杆菌

阪崎肠杆菌属肠杆菌科，革兰氏阴性菌，是奶粉中引起婴幼儿死亡的重要条件致病菌[3]。21 世纪初，连续发生在国际乳业巨头公司生产的婴幼儿奶粉中检出阪崎肠杆菌事件，使得乳制品中阪崎肠杆菌的检测成为世界关注的焦点。我国于2005 年制定了《奶粉中阪崎肠杆菌检验方法》系列行业标准（SN/T 1632.1—2005、SN/T 1632.2—2005、SN/T 1632.3—2005）。

（七）志贺菌

志贺菌又称痢疾杆菌，革兰氏阴性短小杆菌，是人类细菌性痢疾最为常见的病原菌，分为痢疾志贺菌、福氏志贺菌、鲍氏志贺菌和宋内志贺菌 4 个群。痢疾是夏、秋季最常见的肠道传染病，主要传播途径为粪-口传播，临床症状为剧烈腹痛、腹泻（水样便，可带血和黏液）和发热等。经过多年持续治理，我国卫生条件显著改善，食品安全多年监测中极少在加工食品中检出志贺菌。

二、食品安全相关微生物的检测特点

（一）检测分类

食品安全相关微生物的检测技术是监管食品卫生的关键手段。目前，我国食品安全常见致病微生物的检测方法主要以《食品安全国家标准　食品微生物学检验　总则》（GB 4789.1—2016）为依据，检测程序必须符合 2015 年新修订《中华人民共和国食品安全法》的相关规定。

1. 实验室检测

实验室检测方法主要包括微生物培养、形态学鉴定、血清学鉴定、生化检验等，主要操作步骤包括：样品处理、预增菌、增菌、分离、显微镜观察、生化实验、血清学分型（选做项目）、结果报告等步骤，整个检验周期至少 3～7 d。确认检查结果准确定量并严谨可靠，但存在操作烦琐、耗时长、需要专业人员操作等缺点，不利于食品安全管理体系的验证控制和对潜在不安全产品的及时纠正[4]。

2. 快速筛查

《中华人民共和国食品安全法》规定在食品安全监督管理工作中可以采用国家规定的快速检测方法对食品进行抽查，初筛方法要求操作简单，短时间内完成检测，并且适用于现场快速检测。抽查检测结果可作为县级及以上人民政府的食品药品监督管理部门在食品安全中的司法和执法依据。

（二）检测特点

食品安全中的微生物污染受环境和时间的影响比较大[5]，食品加工者也是导致食品中存在致病菌的主要因素[6]。食源性致病微生物在食品中分布不均，使得同一样本在不同时间、不同取材位置的检测结果均不相同[7]。而且待测样品启封之后就存在可能被污染的风险，一般不能用于重复检测。因此，食品安全中致病菌的污染与化学污染相比，不稳定性更加突出，对样品中致病菌的检测时效性和准确性要求非常严格。

第二节　食品安全相关微生物检测项目的需求

我国《食品安全国家标准　食品中致病菌限量》（GB 29921—2013）通用标准自 2014 年 7 月 1 日实施，该标准规定了食品安全中致病菌的指标、限量要求和检验方法。该标准中的致病菌包括沙门菌、单核细胞增生李斯特菌、肠出血性大肠埃希菌 O157:H7、金黄色葡萄球菌和副溶血弧菌 5 种常见食源致病菌，其在主要食品类型中的限量详见表 9-1。

表 9-1　食品致病菌限量

食品类别	致病菌指标	采样方法及限量（若非特别指定，均以 25 g 或 25 ml 标示）			
		n	c	m	M
肉制品	沙门菌	5	0	0	—
	单核细胞增生李斯特菌	5	0	0	—
	金黄色葡萄球菌	5	1	100 CFU/g	1 000 CFU/g
	肠出血性大肠埃希菌 O157:H7	5	0	0	
水产制品	沙门菌	5	0	0	—
	副溶血弧菌	5	1	100 MPN/g	1 000 MPN/g
	金黄色葡萄球菌	5	1	100 CFU/g	1 000 CFU/g
即食蛋制品	沙门菌	5	0	0	—
粮食制品	沙门菌	5	0	0	—
	金黄色葡萄球菌	5	1	100 CFU/g	1 000 CFU/g
即食豆类制品	沙门菌	5	0	0	—
	金黄色葡萄球菌	5	1	100 CFU/g	1 000 CFU/g
巧克力类及可可制品	沙门菌	5	0	0	—
即食果蔬制品	沙门菌	5	0	0	—
（含酱腌菜类）	金黄色葡萄球菌	5	1	100 CFU/g	1 000 CFU/g
	肠出血性大肠埃希菌 O157:H7	5	0	0	
饮料	沙门菌	5	0	0	—
（包装饮用水、碳酸饮料除外）	金黄色葡萄球菌	5	1	100 CFU/g	1 000 CFU/g
冷冻饮品	沙门菌	5	0	0	—
	金黄色葡萄球菌	5	1	100 CFU/g	1 000 CFU/g

续表

食品类别	致病菌指标	采样方法及限量（若非特别指定，均以 25 g 或 25 ml 标示）			
		n	c	m	M
即食调味品	沙门菌	5	0	0	—
	金黄色葡萄球菌	5	1	100 CFU/g	10 000 CFU/g
	副溶血弧菌	5	1	100 MPN/g	1 000 MPN/g
坚果籽实制品	沙门菌	5	0	0	—

注：n 为同一批次产品应采集的样品件数；c 为最大可允许超出 n 值的样品数；m 为致病菌指标可接受水平的限量值；M 为致病菌指标的最高安全限量值；"—"表示暂无相应规定。下同

《食品安全国家标准 婴儿配方食品》（GB 10765—2010）和《食品安全国家标准 较大婴儿和幼儿配方食品》（GB 10767—2010）中对大肠菌群、金黄色葡萄球菌和沙门菌含量进行了更严格的要求，且增加了对阪崎肠杆菌的限量要求（表 9-2）。

表 9-2　《食品安全国家标准 婴儿配方食品》(GB 10765—2010) 中微生物限量标准

项目	采样方案 [a] 及限量				备注
	n	c	m	M	
菌落总数 [b]	5	2	1 000	10 000	
大肠菌群	5	2	10	100	
金黄色葡萄球菌	5	2	10	100	
阪崎肠杆菌	3	0	0 g/100g	—	0～6 月龄婴儿食品
沙门菌	5	0	0 g/25g	—	

注：a. 样品的分析及处理按《食品安全国家标准食品卫生微生物学检验总则》(GB4789.1—2016) 和《食品卫生微生物学检验乳与乳制品检验》(GB/T 4789.18—2003）执行；b. 不适用于添加活性益生菌的产品

第三节　UPT-POCT 在食品安全相关微生物检测中的应用

一、UPT-POCT 在食品安全常见致病微生物检测中的性能

UPT-POCT 的检测原理主要基于双抗体夹心法。以大肠杆菌检测为例，UPT-POCT 可以在 10^9 CFU/ml 的微生物干扰环境下检测到浓度低于 10^3 CFU/ml 的肠出血性大肠埃希菌 O157:H7，变异系数小于 10%，检测结果与国家标准检测方法高度一致。此外，UPT-POCT 还可以对食品安全常见致病微生物进行多重检测。研究发现，UPT-POCT 多重检测试剂可同时对包括甲型、乙型、丙型副伤寒沙门菌，霍乱弧菌 O1 和霍乱弧菌 O139，肠出血性大肠埃希菌 O157:H7，肠炎沙门菌，猪霍乱沙门菌，副溶血弧菌和伤寒沙门菌在内的 10 种食源性致病菌进行检测。对不增菌样本的检测范围为 10^5～10^9 CFU/ml，增菌培养后检测限低于

10 CFU/ml，且定量曲线的线性回归系数（R^2）超过 0.90[8]。每种致病菌的 UPT-POCT 试剂与其他 9 种致病菌之间无交叉反应，特异性良好。总之，UPT-POCT 可满足不同食物待测样本中的增菌检测和腹泻样本直接检测的需求，增菌培养后灵敏度达到《食品安全国家标准 食品中致病菌限量》（GB 29921—2013）的限量要求。

二、UPT-POCT 在食品安全常见致病微生物检测中的优势

基于 UCP 颗粒的 UPT-POCT 技术与基于其他纳米材料，如胶体金、乳胶颗粒、荧光颗粒等颗粒材料的快速检测技术相比，具有高敏感性、高特异性、高稳定性、零背景干扰、操作简单等特点。UPT-POCT 在食品安全常见致病微生物检测中的主要优势如下。

（一）检测方法通用

UPT-POCT 平台较强的适用性不仅有利于新型微生物检测试剂的开发，还有利于通用样品处理液和相同的样本处理方法的研发，使检验工作者只需掌握一套处理流程即可完成多种致病微生物的检测。此外，一台 UPT-3A 系列上转换发光免疫分析仪可以适用于数十种食品微生物的检测，检验机构不用花费大量资金采购设备，而且也节省了空间。

（二）检测时间短

UPT-POCT 食源性致病菌的增菌时间仅为 6～24 h，简单处理样本和定量的检测时间小于 20 min，其检测周期远远小于国标检测标准的 3～7 d，提高了食品安全执法检测的时效性。

（三）结果具有可溯源性

UPT-POCT 在检测完食品安全常见致病微生物后，不仅可以在屏幕上立即查看结果，还可以通过自带的打印机对结果进行打印，仪器自动储存的结果也可以传输到电脑进行保存和分析，所以结果具有很好的可溯源性。

第四节 应用情况

一、现有的检测方法

《食品安全国家标准 食品微生物学检验》等一系列标准中（GB 4789.1—2016、GB 4789.2—2016、GB 4789.3—2016、GB 4789.10—2016、GB 4789.12— 2016、GB 4789.16—2016、GB 4789.30—2016）规定了许多有关微生物培养、形态学鉴定

和生化实验等传统的检验方法。许多新兴的食源性致病微生物的检测方法和设备也正在应用发展，包括传统计数改良技术、免疫层析技术、基因检测技术[9]、微流控技术、生物芯片检测技术、生物传感器检测技术、质谱检测、新一代测序技术[10]和流式细胞技术等。其中免疫层析技术、微流控技术和 DNA 快速扩增技术[9]等因其快速、便携，操作简单，适合现场食品安全中致病微生物的快速筛查和初步诊断。作为一种免疫层析技术，UPT-POCT 因其快捷和简便适用于现场快速检测。上述应用于食源性致病微生物检测的常用检测方法及优缺点详见表 9-3。

表 9-3　应用于食源性致病微生物检测的常用检测方法及优缺点

检测方法	优点	缺点
传统的微生物培养、生化和血清学检验	准确性高	操作烦琐、检测周期较长
电阻电导检测器	较快	只能确定污染程度、特异性差
细菌直接计数法	较快	菌株分类鉴定效果差、特异性差
干重比色法	较快	无法确定菌株、无特异性
纸片快速法	较快、准确性高	只能针对某一种微生物应用
胶体金免疫层析法	较快、特异性好	灵敏度差、很难定量
全自动微生物分析系统（VITEK-AMS）	较快、准确性高、可鉴定到属	不能进一步分类鉴定
全自动免疫分析仪（VIDAS）	检测范围广、较快、通量较大	仅适用于样品的初筛
基因芯片	快速、准确性高、通量大（针对目标 DNA）	费用高
蛋白质芯片	快速、准确性高、通量大（针对生物毒素）	费用高
上转换发光即时检验（UPT-POCT）法	较快、特异性好、灵敏性好、可准确定量	检测灵敏度比聚合酶链式反应稍差

二、UPT-POCT 在食品安全常见致病微生物检测中的应用

（一）食品安全常见致病微生物 UPT-POCT 样品前处理

1. 需增菌培养样品

需增菌培养样品包括但不限于食物和粪便等。此类检测样品的前处理方法为，取 0.6 g 或 600 μl 食物样品、0.3 g 或 300 μl 粪便样品加入 5 ml 增菌培养基中，37℃增菌培养 5 h 或过夜。将 100 μl 培养上清加入一管样品处理液中，混匀备用。

2. 不需增菌培养样品

不需要增菌培养的样品包括但不限于可疑液体、粉末、固体和脏器等。此类检测样品的前处理方法如下。①可疑液体样品：将 100 μl 样品加入一管样品处理液中，混匀备用；②可疑粉末样品：将棉签在样品处理液中润湿，用润湿的棉签蘸取适量的粉末或擦拭污染表面，将棉签在同一管样品处理液中刷洗，混匀备用；

③可疑固体或脏器样品：取适量样品（直径为 5 mm 左右），加入一管样品处理液中，研磨匀浆，备用。

（二）食源性致病微生物 UPT-POCT 试剂参数

以常见致病沙门菌检测试剂盒（上转发光法）（简称 *Salmo.* spp-UPT）为例，介绍食源性致病微生物 UPT-POCT 试剂的参数，具体如下。①靶标：用于测定样品中的常见致病沙门菌，包括甲型副伤寒沙门菌、乙型副伤寒沙门菌、丙型副伤寒沙门菌、肠炎沙门菌、伤寒沙门菌、鼠伤寒沙门菌和猪霍乱沙门菌。②保存方式：4～30℃保存，有效期为 18 个月。③适用仪器：UPT 生物传感器、UPT-3A 系列上转换发光免疫分析仪。④检测方法：取 100 μl 处理样品加入检测卡加样孔中，静置反应 15 min。⑤结果判定：对于定性检测，"结果"显示"0"判定为阴性，"结果"显示"大于 0"的数字则判定为阳性；对于定量检测，"结果"显示数字（Y）的含义为添加到检测卡上的样品中的靶标浓度为 10^Y CFU/ml。

（三）食品安全常见致病微生物 UPT-POCT 项目

目前，多达 17 种常见的食源性致病微生物 UPT-POCT 产品已成功开发并推广应用，详见表 9-4。

表 9-4　常见食源性致病微生物 UPT-POCT 产品目录

编号	名称
1	甲型副伤寒沙门菌（*S. para.* A）检测试剂盒（上转发光法）
2	乙型副伤寒沙门菌（*S. para.* B）检测试剂盒（上转发光法）
3	丙型副伤寒沙门菌（*S. para.* C）检测试剂盒（上转发光法）
4	肠炎沙门菌（*S. enteri.*）检测试剂盒（上转发光法）
5	伤寒沙门菌（*S. typhi*）检测试剂盒（上转发光法）
6	猪霍乱沙门菌（*S. choler.*）检测试剂盒（上转发光法）
7	常见致病沙门菌（*Salmo.* Spp.）检测试剂盒（上转发光法）
8	霍乱弧菌 O1（*V. c.* O1）检测试剂盒（上转发光法）
9	霍乱弧菌 O139（*V. c.* O139）检测试剂盒（上转发光法）
10	肠出血性大肠埃希菌 O157:H7（*E. coli* O157:H7）检测试剂盒（上转发光法）
11	单核细胞增生李斯特菌（*L. monocy*）检测试剂盒（上转发光法）
12	金黄色葡萄球菌（*S .aureus*）检测试剂盒（上转发光法）
13	金黄色葡萄球菌肠毒素 B（SEB）检测试剂盒（上转发光法）
14	副溶血弧菌（VP）检测试剂盒（上转发光法）
15	阪崎肠杆菌（*B. sakazakii*）检测试剂盒（上转发光法）
16	志贺菌检测试剂盒（上转发光法）
17	空肠弯曲菌检测试剂盒（上转发光法）

食源性致病微生物 UPT-POCT 技术，因其快速和便捷等特性而适用于基层食品安全相关致病微生物的筛查和现场快速检测。目前，食源性致病微生物 UPT-POCT 项目已入选卫生部、国家发展和改革委员会发布的《食品安全风险监测能力（设备配置）建设方案》中的"省、市（地）两级疾病预防控制机构食品安全风险监测设备配置参考目录"，并在省、市（地）各级医疗机构得到广泛应用。

参 考 文 献

[1] Pereira J G, Soares V M, Tadielo L E, et al. Foods introduced into Brazil through the border with Argentina and Uruguay: pathogen detection and evaluation of hygienic-sanitary quality. Int J Food Microbiol, 2018, 283: 22-27.

[2] Vinueza-Burgos C, Baquero M, Medina J, et al. Occurrence, genotypes and antimicrobial susceptibility of *Salmonella* collected from the broiler production chain within an integrated poultry company. Int J Food Microbiol, 2019, 299: 1-7.

[3] Lepuschitz S, Ruppitsch W, Pekard-Amenitsch S, et al. Multicenter study of *Cronobacter sakazakii* infections in humans, Europe, 2017. Emerg Infect Dis, 2019, 25(3): 515-522.

[4] Rajapaksha P, Elbourne A, Gangadoo S, et al. A review of methods for the detection of pathogenic microorganisms. Analyst, 2019, 144(2): 396-411.

[5] Zoellner C, Jennings R, Wiedmann M, et al. EnABLe: an agent-based model to understand *Listeria* dynamics in food processing facilities. Sci Rep, 2019, 9(1): 495.

[6] Xu H, Zhang W, Guo C, et al. Prevalence, serotypes, and antimicrobial resistance profiles among *Salmonella* isolated from food catering workers in Nantong, China. Foodborne Pathog Dis, 2019, 16: 1-6.

[7] Jagadeesan B, Schmid V B, Kupski B, et al. Detection of *Listeria* spp. and *L. monocytogenes* in pooled test portion samples of processed dairy products. Int J Food Microbiol, 2019, 289: 30-39.

[8] Zhao Y, Wang H, Zhang P, et al. Rapid multiplex detection of 10 foodborne pathogens with an up-converting phosphor technology-based 10-channel lateral flow assay. Sci Rep, 2016, 6: 21342.

[9] Liu C, Shi C, Li M, et al. Rapid and simple detection of viable foodborne pathogen. Fron Chem., 2019, 7: 124.

[10] Yang W, Huang L, Shi C, et al. Ultrastrain: an NGS-based ultra sensitive strain typing method for. *Salmonella enterica*. Front Genet, 2019, 10: 276.

第十章　UPT-POCT 在食品真菌毒素检测中的应用

赵　勇[1]　贾　苗[2]　张　银[2]

真菌毒素（mycotoxin）是由自然界中某些真菌在适宜温度、适宜湿度条件下所产生的二级代谢产物。目前已发现有 400 多种真菌毒素，普遍存在于污染的粮油食品和饲料中[1]。真菌毒素污染除了能引起农产品霉败变质、营养物质损失以及产品的品质降低之外，还能造成人和动物的急性或慢性中毒，并具有致癌性[2,3]。据联合国粮食及农业组织估算，世界上约有 25% 的粮油作物受到真菌毒素的污染，每年所造成的经济损失高达数千亿美元。真菌毒素污染导致的食品安全和质量问题在我国也时有发生，因此加强食品真菌毒素污染预防控制技术研究，已成为保障我国粮食安全、食品安全和维护国家经济利益的迫切需求。

第一节　真菌毒素的种类和危害

真菌毒素是引起粮食和饲料污染的重要原因，常见的真菌毒素包括黄曲霉毒素（aflatoxin）、玉米赤霉烯酮（zearalenone，ZEN）、脱氧雪腐镰孢霉烯醇（deoxynivalenol，DON）、赭曲霉毒素 A（ochratoxin A，OTA）、T2 毒素、伏马菌素等。

黄曲霉毒素主要是由黄曲霉（*Aspergillus flavus*）和寄生曲霉（*Aspergillus parasiticus*）产生的一系列结构类似的化合物（B1、B2、M1、M2），化学分子结构中有二呋喃环和邻氧萘酮（俗称香豆素），前者为其毒性结构，后者可能与致癌有关[4]。其中毒性最强的是黄曲霉毒素 B1（aflatoxin B1，AFB1），它是世界卫生组织规定的 I 类致癌物质，是肝癌的三大致病因素之首，是粮食和饲料的检测重点[5]。黄曲霉毒素的污染范围相当广泛，包括玉米、花生、牛奶及其制品，其中以花生和玉米污染最为严重。

玉米赤霉烯酮（ZEN）是一种由镰刀菌属真菌产生的真菌毒素[6]，具有雌激素活性，牲畜特别是母猪进食 ZEN 污染的饲料后会产生过多雌激素，致使生殖能力受到严重影响。除此之外，ZEN 还有一定的致癌作用，有研究表明，ZEN 能够与人的雌激素受体结合，刺激乳腺癌细胞的生长。

脱氧雪腐镰孢霉烯醇（DON）又称呕吐毒素，主要由禾谷镰刀菌、尖孢镰刀

1　赵　勇　军事科学院军事医学研究院微生物流行病研究所，生物应急与临床 POCT 北京市重点实验室

2　贾　苗　张　银　生物应急与临床 POCT 北京市重点实验室，北京热景生物技术股份有限公司

菌、粉红镰刀菌等产生[7]。当人和动物摄入 DON 超标的食物时，会出现一系列的中毒症状，如食欲下降、呕吐、腹泻、共济失调和行动迟缓等，严重时会侵害造血器官，甚至引起死亡，同时 DON 具有致癌、致畸和致突变作用，对胚胎也有一定的毒性。

赭曲霉毒素 A（OTA）是由某些曲霉菌和青霉菌产生的次级代谢产物，主要损害肾脏和肝脏，并具有致畸、致癌、致突变和免疫抑制作用，猪和禽类对 OTA 的敏感性最强[8]。

由于真菌毒素污染具有严重的危害性，我国国家粮食和物资储备局、农业农村部、国家市场监督管理总局等多个部门，都将真菌毒素列为食品安全监测重点。2017 年 3 月 17 日，国家食品药品监督管理总局发布了最新的《食品安全国家标准 食品中真菌毒素限量》（GB 2671—2017）标准，该标准替代了 2011 年实施的《食品安全国家标准 食品中真菌毒素限量》（GB 2761—2011）标准。规定了食品中黄曲霉毒素 B1、黄曲霉毒素 M1、脱氧雪腐镰孢霉烯醇、赭曲霉毒素 A 及玉米赤霉烯酮等真菌毒素的限量指标。

第二节　真菌毒素检测技术现状

一、传统真菌毒素检测方法

目前，真菌毒素的检测方法主要有高效液相色谱法（HPLC）、液相色谱质谱联用法（LC/MS）、酶联免疫吸附测定（ELISA）法和胶体金法（表 10-1）[9,10]。其中，色谱法是目前的检测金标准方法，但其操作较为复杂，对仪器的要求也很高，成本较高，需要经过专业培训的技术人员进行操作，不适合于快速检测和大规模筛查。ELISA 法较色谱和质谱法，其操作简便性和获取结果的时效性均有所提升，但仍然达不到快速检测的要求。基于抗原抗体特异性反应的胶体金法具有操作简便、快速的特点，十分适合大量样品的初筛和现场检测。然而，胶体金法的灵敏度和稳定性还有待进一步提高，以满足污染食品中微量真菌毒素的检出。因此，从目前常见的真菌毒素检测方法来看，市场上急需一种快速、灵敏、便捷、适用于复杂样品检测的技术产品。

表 10-1　几种常见真菌毒素检测方法特点的比较

检测方法	胶体金法	ELISA	HPLC	LC/MS
实验整体耗时	短	较长	很长	很长
灵敏度准确性	低	中	高	高
是否定量	否	是	是	是
操作方式	简单	复杂	复杂	复杂

二、真菌毒素 UPT-POCT 检测技术

UPT-POCT 检测技术应用于真菌毒素检测领域具有以下独特的优势。

（一）革新的标记材料

采用具有独特上转换发光性质的 UCNP 作为检测试纸标记材料，从而实现了无猝灭、无背景、高敏感性、高稳定性的光学检测。

（二）精准定量技术

采用精密生物传感器将微观的抗原-抗体免疫反应转换为宏观的 UCNP 光学信号和电信号，从而实现了对检测靶标的精准定量。

（三）样本适应性强

通过深入研究不同类型样本前处理和检测过程中的差异性，利用平台独有的优势，对各类型样本单独定参数并制成参数卡，适用于多种样本类型，大大增强了食品中真菌毒素的检测准确性。以脱氧雪腐镰孢霉烯醇检测为例，UPT-POCT 试剂适用于配合料、浓缩料、玉米、谷物及其副产物等多种类型样品。

（四）操作简便结果快速

整体实验操作简单，15 min 即可获得检测结果。

（五）结果显示方式多样

检测结果可自动保存于上转换发光免疫分析仪，也可通过所联打印机打印，同时，检测结果还可以传输到电脑进行保存和分析。

第三节　UPT-POCT 在真菌毒素检测领域的应用

基于 UPT-POCT 技术，研究人员目前已开发出针对真菌毒素检测的多种快速定量检测试剂盒，包括黄曲霉毒素 B1、黄曲霉毒素 M1、玉米赤霉烯酮、脱氧雪腐镰孢霉烯醇、赭曲霉毒素、伏马菌素、T2 毒素等。

以相思子毒素为例，研究人员基于 UPT-POCT 技术开发出一种相思子毒素快速检测方法[11]，其方法灵敏度可至 0.1 ng/ml，线性定量范围为 0.1~1000 ng/ml。该方法采用了双抗夹心检测模式，因此具有非常高的特异性，与常见的真菌毒素，如蓖麻毒素、黄曲霉毒素、赭曲霉毒素 A、肉毒杆菌毒素、志贺菌毒素和葡萄球

菌肠毒素 B 等，即使在高浓度下（1000 ng/ml），也均未见明显的非特异交叉反应。此外，该方法也显示出较强的样品耐受性，可用于检测多种食品基质，包括大豆、奶粉、腰果、面粉、牛奶和果汁等。对于固体和粉末状类食品样品，其检测限为 0.5～10 ng/g，对于液体类样品，其检测限为 0.30～0.43 ng/ml，均能满足我国食品安全对于微量相思子毒素污染的检测需求。

此外，研究人员还基于竞争法 UPT-POCT 技术开发出一种黄曲霉毒素 B1 的检测方法[12]。该方法对黄曲霉毒素 B1 的检测灵敏度达到了 0.03 ng/ml，远优于传统的胶体金法检测灵敏度（0.25 ng/ml）。而且，该方法可以实现 0.03～1000 ng/ml 黄曲霉毒素 B1 的定量测定，适用于多种样品类型。该方法对于食品及农作物中黄曲霉毒素 B1 的检出限范围为 0.1～5.0 ng/g，低于我国规定的农作物中黄曲霉毒素 B1 的最大残留限量（5～20 ng/g）。UPT-POCT 毒素检测技术不仅具有高灵敏度高、特异性强、定量准确等特点，而且仅需简单样品处理即可进行检测，因此，非常适宜用于农作物和食物中真菌毒素污染的快速检测。

真菌和真菌毒素的污染，严重影响了农作物的产量，以及农产品和饲料的质量。加强食品中真菌毒素预防控制技术研究，建立更加快速、准确的检测方法，在真菌毒素产生初期将其抑制，是保障我国粮食安全、食品安全和维护国家经济利益的重大需要。目前，国内自主研发的一些技术产品在质量上已经有所突破，在一些官方组织的产品对比实验中，甚至出现国产产品质量超过国外产品的情况；但总体上仍处于追随国外技术的形势。这就需要进一步加强我国科研机构和企业之间的紧密合作，切实提升自主创新能力，加快先进科技成果转化落地。

参 考 文 献

[1] Milićević D R, Skrinjar M, Baltić T. Real and perceived risks for mycotoxin contamination in foods and feeds: challenges for food safety control. Toxins, 2010, 2(4): 572.

[2] 李志霞, 聂继云, 闫震, 等. 果品主要真菌毒素污染检测、风险评估与控制研究进展. 中国农业科学, 2017, 50(2): 332-347.

[3] Pfohl-Leszkowicz A. Mycotoxins: a cancer risk factor. Journal Africain Du Cancer, 2009, 1(1): 42-55.

[4] 马志科, 昝林森. 黄曲霉毒素危害、检测方法及生物降解研究进展. 动物医学进展, 2009, 30(9): 91-94.

[5] 翟红艳, 黄天壬. 黄曲霉毒素与肝癌关系研究现况. 医学研究杂志, 2008, 37(1): 93-95.

[6] 邓友田, 袁慧. 玉米赤霉烯酮毒性机理研究进展. 动物医学进展, 2007, 28(2): 89-92.

[7] 霍星华, 赵宝玉, 万学攀, 等. 脱氧雪腐镰刀菌烯醇的毒性研究进展. 毒理学杂志, 2008, 22(2): 151-154.

[8] 高翔, 李梅, 张立实. 赭曲霉毒素 A 的毒性研究进展. 国外医学(卫生学分册), 2005, 32(1): 51-55.

[9] 曹纪亮, 孔维军, 杨美华, 等. 真菌毒素快速检测方法研究进展. 药物分析杂志, 2013, 70(1): 159-164.

[10] Maragos C M, Busman M, Berthiller F. Rapid and advanced tools for mycotoxin analysis: a review. Food Additives & Contaminants, 2010, 27(5): 688-700.

[11] Liu X, Zhao Y, Sun C, et al. Rapid detection of abrin in foods with an up-converting phosphor technology-based lateral flow assay. Scientific Reports, 2016, 6: 34926.

[12] Zhao Y, Liu X, Wang X, et al. Development and evaluation of an up-converting phosphor technology-based lateral flow assay for rapid and quantitative detection of aflatoxin B1 in crops. Talanta, 2016, 161: 297-303.

第十一章 UPT-POCT 在公共卫生领域的应用

赵 勇[1] 李艳召[2]

自进入 21 世纪，突发公共卫生事件在世界范围内频繁发生，如 2003 年全球严重急性呼吸综合征（severe acute respiratory syndrome，SARS）疫情、2009 年全球甲型 H1N1 流感疫情、2014 年非洲埃博拉疫情、2018 年非洲猪瘟疫情等，对人类生命健康和社会经济发展造成了严重的影响。突发公共卫生事件具有明显的不可预见性，为了最大化降低其影响，卫生疾控部门和相关机构必须建立全面的应急处理与防御措施，从而能够在事件发生后迅速、准确地处理和消除危险因素，这就对现场即时检验（point of care testing，POCT）技术提出了更高的要求。

当发生突发公共卫生事件后，通常需要先将样本运送到实验室再进行常规生物检测，而运输过程和检测过程均会耗费大量时间，不能及时反馈相关信息[1]。与常规实验室检测技术相比，POCT 技术具有检测速度快、操作简单、对操作人员专业性要求低等特点，能够辅助现场检测人员在最短时间内提供相关病原的检测报告，从而为决策部门提供重要的参考依据[2]。

一、公共卫生领域常规检测方法简介

微生物检测方法的金标准（分离培养法）主要依靠在相应的生物安全实验室条件下进行病原分离培养、形态学观察以及生理生化鉴定等技术。此类技术方法检测周期长、操作复杂，无法满足在现场快速检测的要求[3]。此外，还有一些常规的检测方法，较分离培养法检测速度更快，如酶联免疫吸附测定（ELISA）和聚合酶链式反应（PCR）技术等，但是这些方法同样也面临着一些共性问题，如操作步骤烦琐，对仪器和人员要求较高，受使用条件制约不易开展现场检测[4,5]。胶体金免疫层析技术是一种经典的快速检测技术，具有成本低、操作简单、检测结果输出快等特点，无须额外的仪器检测设备就可以直接读取结果，比较适合现场检测应用；但是，受方法学限制，该技术检测灵敏度低，易产生假阴性结果，而且无法得到精确的定量结果[6]。

UPT-POCT 技术是将上转换发光技术、经典的免疫层析技术与生物传感器技术相结合的一种快速检测技术。该技术进一步增加了免疫层析技术的稳定性，能

1 赵 勇　军事科学院军事医学研究院微生物流行病研究所，生物应急与临床 POCT 北京市重点实验室
2 李艳召　生物应急与临床 POCT 北京市重点实验室，北京热景生物技术股份有限公司

够满足操作的简便性和携带的便捷性，可对复杂及多样化样本完成定量检测。UPT-POCT 技术采用 UCNP 作为检测标记物，通过生物传感器扫描分析试纸上的光电信号，在 15 min 内即可实现目标抗原或抗体的快速定量检测[7]。UCNP 存在独特的上转换发光现象，可在红外光（低能量）激发下发射可见光（高能量）；这种绝无仅有的性质使 UCNP 作为标记物应用在生物分析中，具有传统标记物（如胶体金）不可比拟的优势，如无本底背景干扰、不易猝灭、适于多重分析和定量分析等。UCNP 作为新型标记物与免疫层析技术、生物传感技术交相融合，在红外光的照射下以其独特的上转换发光指示生物活性分子之间特异性的识别，并将微观进行的免疫反应通过可见光信号指示出来，从而实现对生物靶标的定量检测。

二、UPT-POCT 技术在公共卫生事件应对中的应用

基于 UPT-POCT 技术及诊断试剂，可在 15 min 内完成对鼠疫耶尔森菌、布鲁氏菌、炭疽杆菌、类鼻疽伯克霍尔德菌、土拉弗朗西斯菌、蓖麻毒素、相思子毒素、甲型流感病毒、乙型流感病毒、寨卡病毒和埃博拉病毒等重要致病菌与病毒的检测。UPT-POCT 技术适用于多种类型样本的检测分析，包括强酸、强碱、高黏度样本、粉末样本及动物脏器样本等，能基本满足突发公共卫生事件现场检测的需求[8,9]。此外，UPT-POCT 技术也可对腐败肝脏样品进行有效检测，从而满足自然疫源疾病监测现场快速检测的要求。

UPT-POCT 技术可适配上转换发光免疫分析仪（UPT-3A 系列），在现场可直接打印输出检测结果。UPT-POCT 技术对烈性传染病菌的检测灵敏度最低可达 2.0×10^3 CFU/ml，并且具有较好的特异性和重复性；配套检测试剂有效期为 18 个月，储存条件均为 4～30℃，可较好地满足现场储存和作业的需求。

总之，UPT-POCT 技术能够在现场快速提供多种病原体的检测结果，从而为疫情防控或突发公共卫生事件应急处置有关部门提供准确及时的信息和决策依据。随着该技术的进一步完善，将为我国今后突发公共卫生事件的高效防控提供更加有力的技术支持。

参 考 文 献

[1] Rongkard P, Hantrakun V, Dittrich S, et al. Utility of a lateral flow immunoassay (LFI) to detect *Burkholderia pseudomallei* in soil samples. PLoS Neglected Tropical Diseases, 2016, 10(12): e0005204.

[2] Luppa P B, Müller C, Schlichtiger A, et al. Point-of-care testing (POCT) : current techniques and future perspectives. TrAC Trends in Analytical Chemistry, 2011, 30(6): 887-898.

[3] Bloomfield M G, Balm M N, Blackmore T K. Molecular testing for viral and bacterial enteric

pathogens: gold standard for viruses, but don't let culture go just yet? Pathology, 2015, 47(3): 227-233.

[4] Eriksson E, Aspan A. Comparison of culture, ELISA and PCR techniques for salmonella detection in faecal samples for cattle, pig and poultry. BMC Veterinary Research, 2007, 3: 21.

[5] Wisselink H J, Cornelissen J, van der Wal F J, et al. Evaluation of a multiplex real-time PCR for detection of four bacterial agents commonly associated with bovine respiratory disease in bronchoalveolar lavage fluid. BMC Veterinary Research, 2017, 13(1): 221.

[6] Song C, Liu C, Wu S, et al. Development of a lateral flow colloidal gold immunoassay strip for the simultaneous detection of *Shigella boydii* and *Escherichia coli* O157: H7 in bread, milk and jelly samples. Food Control, 2016, 59: 345-351.

[7] Hua F, Zhang P, Zhang F, et al. Development and evaluation of an up-converting phosphor technology-based lateral flow assay for rapid detection of *Francisella tularensis*. Scientific Reports, 2015, 5: 17178.

[8] Zhang P, Liu X, Wang C, et al. Evaluation of up-converting phosphor technology-based lateral flow strips for rapid detection of *Bacillus anthracis* spore, *Brucella* spp., and *Yersinia pestis*. PLoS ONE, 2014, 9(8): e105305.

[9] Li L, Zhou L, Yu Y, et al. Development of up-converting phosphor technology-based lateral-flow assay for rapidly quantitative detection of hepatitis B surface antibody. Diagnostic Microbiology and Infectious Disease, 2009, 63(2): 165-172.

第十二章　UPT-POCT 在口岸检验检疫领域的应用

张平平　杨瑞馥[1]

口岸检验检疫机构是公共卫生领域的国防，其主要职能是严格把控风险较大的传染病在国境口岸间的传播，保障人员健康和正常的国际贸易。国家各级出入境检验检疫部门以主动、预防性检疫查验为主，对出入境人员和国际航行交通工具、行李、货物、邮包实施检查，对国境口岸地区进行疾病监测和卫生监督[1]。其中，来自疫区的感染嫌疑人需要实行隔离观察，而有受染嫌疑的行李、集装箱、交通工具或物品也需要处理，以防止污染的可能播散[2]。在中国，对出入境的商品、动植物、进出口食品进行检疫、认证认可、标准化的行政执法部门为国家市场监督管理总局。

第一节　口岸检验检疫领域检测的特点

14 世纪，鼠疫与霍乱等传染病的世界大流行和航海事业的发达促进了国际卫生检疫的起源[3]。意大利规定在海上停泊 40 天且无船员发病的外来船舶才能进入该国港口，并对患者接触的用品进行卫生消毒，这种卫生检查措施为控制疾病流行起到了重大作用。"检疫"（quarantine）的拉丁文"quarantum"的原意即为"40天"[4]。卫生检疫由港口发展到陆路，制度规定也由各国自行制定或双方协定发展到《国际卫生条例（2005）》[5]。中国的口岸卫生检疫始于 1873 年霍乱大流行时上海与厦门海关所实施的检疫措施[3]，在伍连德博士的推动下中国的国境卫生检疫在 1937 年抗日战争全面爆发前已达到世界先进水平，规定对鼠疫、霍乱、天花、黄热病和斑疹伤寒等传染病进行检疫[6]。1957 年，新中国第一部卫生检疫法规——《中华人民共和国国境卫生检疫条例》颁布，为消灭天花、防控鼠疫和霍乱作出了贡献。改革开放以来，我国口岸卫生检疫将检疫查验、疫病检测、卫生监督三者有机结合，为世界公共卫生安全作出了更大贡献[7]。

口岸检验检疫领域涉及的人员多、种族多、检疫时间短、疾病种类多。除常规对人员、动植物和食品进行卫生检疫和行政执法外，还需要进行传染病监测、应对突发公共卫生事件和核生化恐怖袭击。口岸检验检疫的特点主要包括以下几个方面。①常规检疫具有不可撼动的基础地位。例如，在还没有常规检疫的中世

---

1 张平平，杨瑞馥　军事科学院军事医学研究院微生物流行病研究所，生物应急与临床 POCT 北京市重点实验室

纪，多种流行病在欧洲大陆长期肆虐，死亡人数众多[8]，现代常规的出入境旅客医学巡查能够最大限度地阻断疾病的传入和传出[9]。②口岸检验检疫处在防止有害因子外来入侵的最前线，处于潜伏期的传染病通常没有症状，所以卫生检疫部门的执法行为多以技术执法为主[10]。③口岸检验检疫涉及全球化的公共卫生问题。在发达国家得到控制的传染病在发展中国家仍然流行，成为潜在的全球传染源；大规模的旅游人流导致微生物的流动，而对一个人种不致病的微生物可能对其他人种致病；国际贸易和候鸟迁徙进一步加重了传染病的全球性威胁[11]。

第二节　口岸检验检疫领域检测项目的需求

一、口岸检验检疫的三大任务

口岸检测检疫首要的任务为应对传染病。据世界卫生组织报告，自 20 世纪 80 年代至今，新发的传染病为 32 种，如艾滋病、O139 型霍乱、O157:H7 型肠出血性疾病等；已得到控制的传染病也卷土重来，如鼠疫、霍乱、疟疾、结核病等[12]；一些罕见的传染病，如埃博拉出血热、拉萨热、人类克雅氏病等，出现了扩散趋势。

口岸检验检疫的第二大任务是应对突发公共卫生事件和生物恐怖袭击[13]。国境口岸检验检疫的突发公共卫生事件包括突然发生的重大传染病疫情、群体性不明原因疾病和重大中毒事件等[14]。生物恐怖袭击（如 2001 年美国的炭疽芽孢邮件恐怖事件）具有较大危害性、隐蔽性、突发性和心理恐慌性，而口岸检验检疫是有效拦截生物恐怖袭击的重要屏障[12]。

口岸检验检疫的第三大任务是保障重大国际活动顺利举行。在奥运会、世界博览会、亚运会等大型国际活动举行期间，需要加强口岸检验检疫。

二、口岸检验检疫对检测方法的要求

口岸检验检疫所面对的检测对象数量庞大且多为短暂停留，检测任务比较重，但口岸的检测设备和物资配备简单，而且缺乏高层次人才[10]，这种情况对应用的检测方法、设备和试剂提出了更高的要求：成本低；检测快捷，能够即时给出检测结果；检测结果精确；操作简便，简单培训就可掌握；设备易操作、体积小；样本无须特殊处理。

第三节　应用于口岸检验检疫领域的 UPT-POCT 试剂盒

一、UPT-POCT 试剂盒的基本情况

应用 UPT-POCT 技术开发适用于口岸检测的细菌性传染病和病毒性传染病的

检测试剂，如鼠疫耶尔森菌（*Yersinia pestis*）检测试剂盒、寨卡病毒（Zika virus）IgM 抗体检测试剂盒等。使用 UCNP 作为快速免疫层析的示踪物，UPT-POCT 试剂使得免疫层析的微观反应能够得到光学展示，然后这些光学信号可被上转换发光免疫分析仪自动采集和分析，从而实现精确定量。检测试剂盒（上转发光法）的组分为检测卡、样品处理液、塑料滴管、棉签和说明书。检测试剂盒可以于 4～30℃保存，有效期 18 个月。检测过程如下：①拆开试纸条的铝箔袋包装，将试纸条放置在平整的表面上；②在试纸条外壳上写上待测样本的编号；③将待测样本加入样品处理液中；④取 100 μl 加入样品的处理液加入加样孔中；⑤将试纸条放置 15 min 后使用 UPT 生物传感器扫描即可得到定量结果。

二、应用于口岸检验检疫领域的几种 UPT-POCT 试剂盒

（一）鼠疫诊断试剂盒

鼠疫是由鼠疫耶尔森菌引起的烈性传染病，其特点是发病急、传染性强和病死率高，属《中华人民共和国传染病防治法》规定的甲类传染病之一。历史上鼠疫的三次世界大流行给人类带来了深重灾难。鼠疫是一种自然疫源性疾病，中国的鼠疫自然疫源地多达十余个省份。2000 年，鼠疫被世界卫生组织认定为重新抬头的传染病，《国际卫生条例（2005）》将该病规定为国际检疫传染病[15,16]。目前 UPT-POCT 诊断鼠疫的试剂盒包括鼠疫耶尔森菌和抗鼠疫耶尔森菌抗体检测试剂盒，分别采用双抗体和双抗原夹心免疫层析法。

（二）寨卡病毒病诊断试剂盒

寨卡病毒病是由寨卡病毒引起的一种自限性急性传染病[17]，主要通过白纹伊蚊叮咬传播。临床特征主要为发热、皮疹、关节痛或结膜炎，极少引起死亡，但是因可能引起新生儿小头症和其他神经系统病变而备受国际关注[18]。截至 2016 年 2 月，寨卡病毒已在 40 多个国家和地区出现，巴西是受影响最严重的国家[19-24]。我国曾经也发生过输入性寨卡病毒感染案例，因此，中华人民共和国国家卫生健康委员会（原国家卫生和计划生育委员会）制定了《寨卡病毒病防控方案》《寨卡病毒病诊疗方案》。国家市场监督管理总局高度重视口岸寨卡病毒病疫情防控工作，要求加强口岸疫情防控，有效防范寨卡病毒病疫情输入。

寨卡病毒 IgM 抗体检测试剂盒（上转发光法）用于定性检测血清、血浆样本中的寨卡病毒 IgM 抗体。检测卡硝酸纤维素膜的检测带（T 带）用寨卡病毒重组抗原包被，质控带（C 带）用羊抗兔 IgG 包被。层析过程中，样本中的待检抗体先与 UCP-兔抗人 IgM 抗体复合物结合，该复合物随后被 T 带捕获而形成固相寨卡病毒重组抗原-IgM 抗体-兔抗人 IgM 抗体-UCP 复合物，在 C 带则形成固相羊抗兔 IgG -兔抗人 IgM 抗体-UCP 复合物。

（三）流感病毒检测试剂盒

甲型流感病毒 H5 亚型主要经呼吸道传播，此外，通过密切接触禽类及其分泌物、排泄物，受病毒污染的水等也可被感染。其中，H5N1 为高致病性禽流感病毒，1997 年首次从人的病例标本中分离鉴定出 H5N1。《中华人民共和国传染病防治法》将人感染高致病性禽流感列为乙类传染病，并规定对其采取甲类传染病的预防、控制措施。

H5 亚型流感病毒抗原检测试剂盒（上转发光法）用于定性测定鼻拭子、咽拭子样本中的甲型流感病毒抗原。该试剂盒应用双抗体夹心免疫层析法。检测卡卡硝酸纤维素膜的 T 带用 H5 亚型流感病毒抗体包被，C 带用羊抗鼠抗体包被。层析过程中，样本中的待检抗原先与 UCP-H5 亚型流感病毒抗体复合物结合，该复合物随后被 T 带捕获而形成固相 H5 亚型流感病毒抗体-H5 亚型流感病毒抗原-H5 亚型流感病毒抗体-UCP 复合物，在 C 带则形成固相羊抗鼠抗体-H5 亚型流感病毒抗体-UCP 复合物。

（四）埃博拉病毒检测试剂盒

埃博拉病毒（Ebola virus）引起的埃博拉出血热属于烈性传染病，致死率超过50%，传染性极强，且尚无相关疫苗防治[25,26]。埃博拉病毒被世界卫生组织列为第四级病毒，活毒相关实验操作必须在生物安全四级实验室进行[27]。美国疾病控制中心将埃博拉出血热列为 A 类疾病，并将埃博拉病毒列为潜在的生物战剂[28]。20 世纪埃博拉出血热已在非洲多地暴发流行[28-30]，2014 年埃博拉疫情在西非大规模暴发。

埃博拉病毒抗原检测试剂盒（上转发光法）用于定性测定血清、血浆样本中的埃博拉病毒抗原。该试剂盒应用双抗体夹心免疫层析法。检测卡硝酸纤维素膜的 T 带用 Ebola 抗体包被，C 带用羊抗鼠抗体包被。层析过程中，样本中的待检抗原先与 UCP-Ebola 抗体结合，该复合物随后被 T 带捕获而形成固相 Ebola 抗体-Ebola 抗原-Ebola 抗体-UCP 复合物，在 C 带则形成固相羊抗鼠抗体-Ebola 抗体-UCP 复合物。

第四节　应　用　情　况

一、已有的检测方法

以中华人民共和国卫生部发布的《鼠疫诊断标准》（WS 279—2008）为例，目前，检测传染病的方法有临床检查、细菌的分离和鉴别、聚合酶链式反应（PCR）检测、胶体金免疫层析检测、酶联免疫吸附试验（ELISA）和反相血凝试验等，具体如下。①临床检查：出现高热、白细胞数量剧增、胸痛咳血、血性腹泻等症状。但是传染病的临床症状和其他原因致病的症状相似，因此还需要检测手段的辅助才能确诊。②细菌的分离和鉴别：取血、脓、痰、脑脊液、淋巴结穿刺液等材料送检，分离获得鼠疫耶尔森菌并且鼠疫噬菌体裂解试验呈阳性，可作出鼠疫细菌学判定；注射实验动物死亡，并在死亡动物体内重新分离到鼠疫耶尔森菌，可以作出鼠疫强毒菌株的判定。细菌分离培养方法是病原诊断学的金标准，但是耗时比较长。③PCR 检测：选取鼠疫耶尔森菌特异的 *fra* 及 *pla* 基因片段作为扩增的目标基因。PCR 检测可以在几小时内作出诊断，但检测准确度高度依赖于提取的靶标 DNA 的质量，在应用于现场检测时容易出现假阳性。④ELISA 方法可以检测鼠疫抗体和抗原。不断的清洗步骤虽然保证了检测的特异性，但是增加了细菌扩散的可能性。⑤胶体金免疫层析检测：通过在检测试剂卡上简单上样的方式即可在 15 min 左右得到结果，且灵敏性尚可。⑥反相血凝试验是使用鼠疫耶尔森菌 F1 抗体致敏血球检测可疑血清的一种凝集检测，检测快速但是灵敏度偏低。

二、上转换发光技术在口岸的应用

基于上转换发光技术开发的试剂盒的原理类似于胶体金免疫层析检测，但因上转换发光颗粒的优越性使其更具有耐受性[31]。目前，寨卡病毒 IgM 抗体、鼠疫耶尔森菌、抗鼠疫耶尔森菌抗体和埃博拉病毒检测试剂盒已在多个地方的出入境检验检疫局培训使用（表 12-1）。

表 12-1　上转换发光系列产品在多个出入境检验检疫局培训使用清单

编号	单位	产品名称	地点
1	文山出入境检验检疫局	寨卡病毒 IgM 抗体检测试剂盒	天宝口岸
		鼠疫耶尔森菌检测试剂盒	
2	红河出入境检验检疫局	寨卡病毒 IgM 抗体检测试剂盒	金水河口岸
		鼠疫耶尔森菌检测试剂盒	
3	普洱出入境检验检疫局	埃博拉病毒检测试剂盒	勐阿口岸
4	勐腊出入境检验检疫局	抗鼠疫耶尔森菌抗体检测试剂盒	磨憨口岸
		鼠疫耶尔森菌检测试剂盒	
5	西双版纳出入境检验检疫局	寨卡病毒 IgM 抗体检测试剂盒	打洛口岸
		抗鼠疫耶尔森菌抗体检测试剂盒	
6	瑞丽出入境检验检疫局	抗鼠疫耶尔森菌抗体检测试剂盒	姐告口岸
7	瑞丽出入境检验检疫局	抗鼠疫耶尔森菌抗体检测试剂盒	畹町口岸

参 考 文 献

[1] 王远忠. 国境卫生检疫模式转变与《国际卫生条例》. 中国国境卫生检疫杂志, 2004, 27: 52-53.

[2] World Health Organization. International Health Regulations 2005.2nd ed. Switzerland: WHO Library Cataloging in Publicatio Data, 2008.

[3] 杨上池. 120 年来中国卫生检疫. 中华医史杂志, 1995, (2): 77-82.

[4] 李长江. 中国出入境检验检疫指南. 北京: 中国检察出版社, 2000: 1193.

[5] 王晓中, 黄琳, 侯彤岩, 等. 卫生检疫的创始原因和发展进程. 检验检疫学刊, 2011, 21(6): 9-13.

[6] 王晓中. 中国国境卫生检疫的历史研究(连载一). 口岸卫生控制, 2009, 14(1): 50-53.

[7] 王晓中. 中国国境卫生检疫的历史研究(连载二). 口岸卫生控制, 2009, 14(2): 59-62.

[8] 高晞. 流行病与文明同行. 新华文摘, 2003, (9): 61-65.

[9] 何振毅, 黎永钦, 吴辉. 出入境旅客医学巡查内容研究. 口岸卫生控制, 2004, 9(6): 30-32.

[10] 雷红宇, 冯翔宇, 刘启军. 国境卫生检疫的地位和作用探讨. 口岸卫生控制, 2007, 12(1): 10-12.

[11] 刘文彪, 匡维华. 传染病新特点与口岸卫生检疫应对. 口岸卫生控制, 2007, 12(2): 14-16.

[12] 周健青, 何幼康. 入世后浙江国境口岸卫生检疫形势与对策. 中国国境卫生检疫杂志, 2003, 26: 89-92.

[13] 许俊毅, 黄昆. 贯彻《国际卫生条例》(2005)加强口岸卫生检疫监管工作. 旅行医学科学, 2007, 13(4): 49-50.

[14] 孔竞, 张亮. 突发公共卫生事件应急机制内涵分析. 卫生软科学, 2008, 22(2): 166-169.

[15] 李晓光, 王明琼, 李树臣. 中国鼠疫的历史、现状与防控措施. 国外医学(医学地理分册), 2009, 30(3): 125-128.

[16] 丛显斌, 张春华. 世界鼠疫自然疫源地分布及人间鼠疫流行概况. 中国地方病学杂志, 2009, (4): 357-360.

[17] Gubler D, Kuno G, Markoff L. Flaviviruses//Peter M, et al. Field Virology. 5th ed. Philadelphia: Wolters Kluwer and Lippincott Williams & Wilkins, 2007.

[18] Schulerfaccini L. Possible association between Zika virus infection and Microcephaly-Brazil, 2015. Mmwr Morb Mortal Wkly Rep, 2016, 65(3): 59-62.

[19] Dick G W, Kitchen S F, Haddow A J. Zika virus. I. Isolations and serological specificity. Trans R Soc Trop Med Hyg, 1952, 46(5): 509-520.

[20] Hayes E B. Zika virus outside Africa. Emerg Infect Dis, 2009, 15(9): 1347-1350.

[21] Duffy M R, Chen T H, Hancock W T, et al. Zika virus outbreak on Yap Island, Federated States of Micronesia. N Engl J Med, 2009, 360(24): 2536-2543.

[22] Ioos S, Mallet H P, Leparc Goffart I, et al. Current Zika virus epidemiology and recent epidemics. Med Mal Infect, 2014, 44(7): 302-307.

[23] Petersen E, Wilson M E, Touch S, et al. Rapid spread of Zika virus in the Americas-implications for public health preparedness for mass gatherings at the 2016 Brazil Olympic Games. Int J Infect Dis, 2016, 44: 11-15.

[24] Tappe D, Rissland J, Gabriel M, et al. First case of laboratory-confirmed Zika virus infection imported into Europe, November 2013. Euro Surveill, 2014, 19(4): 20685.

[25] 刘阳, 史子学, 王水明, 等. 埃博拉出血热//中国畜牧兽医学会兽医公共卫生学分会第三次学术研讨会论文集. 上海: 中国畜牧兽医学会兽医公共卫生学分会, 2012: 448-451.

[26] Bente D, Gren J, Strong J E, et al. Disease modeling for Ebola and Marburg viruses. Dis Model Mech, 2009, 2(1-2): 12-17.

[27] 许黎黎, 秦川. 埃博拉出血热动物模型研究进展. 中国比较医学杂志, 2010, 20(9): 67-71.

[28] Pourrut X, Kumulungui B, Wittmann T, et al. The natural history of Ebola virus in Africa. Microbes Infect, 2005, 7(7-8): 1005-1014.

[29] Colebunders R, Borchert M. Ebola haemorrhagic fever-a review. J Infect, 2000, 40(1): 16-20.

[30] Peters C J, LeDuc J W. An introduction to Ebola: the virus and the disease. J Infect Dis, 1999, 179: ix-xvi.

[31] Zhang P, Liu X, Wang C, et al. Evaluation of up-converting phosphor technology-based lateral flow strips for rapid detection of *Bacillus anthracis* spore, *Brucella* spp., and *Yersinia pestis*. PLoS ONE, 2014, 9(8): e105305.

第十三章　UPT-POCT 在毒品检测中的应用

张平平　杨瑞馥[1]

第一节　毒品检测的特点

一、毒品的种类

毒品包括能使人成瘾的化学品、麻醉药和兴奋剂,如苯丙胺类(包括亚甲二氧基甲基苯丙胺和甲基苯丙胺等)、阿片类(包括海洛因和吗啡等)、大麻类、氯胺酮等。毒品具有依赖性、耐受性、危害性及非法性的特点。新型合成类毒品的吸食人群较多,其中甲基苯丙胺(冰毒)泛滥程度最严重,使得禁毒执法难度加大。目前,我国毒品滥用主要是指甲基苯丙胺(冰毒)、吗啡、大麻、海洛因、可卡因和氯胺酮等毒品的滥用。

(一)吗啡

吗啡(morphine,MOP)是阿片受体激动剂,在阿片类毒品中的含量为4%～21%。虽然吗啡因其极强的镇痛作用而成为临床上常用的麻醉剂,但是易成瘾,长期服用会导致身体和心理上的依赖性,对健康造成极大的危害。新型毒品海洛因是吗啡的重要衍生物,即吗啡二乙酸酯。

(二)甲基苯丙胺

甲基苯丙胺(methamphetamine,MET)为罂粟胶质提取物或衍生物,分子式为 $C_{10}H_{15}N$,分子量为 149,结构类似物有苯丙胺、亚甲二氧基甲基苯丙胺(methylene dioxy-methamphetamine,MDMA)等。甲基苯丙胺又称冰、冰毒、大力丸等,外观为纯白结晶体,作为毒品用时多为粉末、液体与丸剂。甲基苯丙胺对人体中枢神经系统具有极强的刺激作用,精神依赖性很强,吸食后大量消耗人的体力并降低免疫功能,严重损害心脏、大脑组织甚至导致死亡。30 mg 的冰毒可导致普通人中毒,但是 2000 mg 以上的剂量对长期滥用者才能显示兴奋功能。摇头丸是一种新型的苯丙胺类毒品,其致幻效用更强。

1 张平平,杨瑞馥　军事科学院军事医学研究院微生物流行病研究所,生物应急与临床 POCT 北京市重点实验室

（三）四氢大麻酚

四氢大麻酚（tetrahydrocannabinol，THC），又称 Δ9-四氢大麻酚（Δ9-THC）、屈大麻酚（dronabinol），是主要的大麻类毒品，具有强烈的致幻作用和心理依赖作用，躯体依赖较轻，不易产生耐受性，其危害性比吗啡和冰毒轻。

（四）氯胺酮

氯胺酮（ketamine，KET），俗称 K 粉、K 他命等，属于非鸦片系麻醉药品。服用氯胺酮后可造成意识和感觉的分离，其特征是僵直状、浅镇静、遗忘与显著镇痛，并能进入梦境，出现幻觉、快感和暴力倾向。

（五）甲卡西酮

甲卡西酮（methcathinone），俗称"丧尸药"，一般为粉末状态，是一种与甲基苯丙胺效果类似的合成化合物，但其成瘾强度略弱。初次吸食 0.5 g 甲卡西酮后可造成强烈的兴奋感且睡眠减少。滥用甲卡西酮后会导致妄想、焦虑和腹痛等许多不良后果，对人体健康产生较为严重的伤害。

二、毒品检测的形势和检测窗口期

吸毒威胁人类健康、社会稳定和经济发展，当前毒品问题已成为全世界面临的较为严重的社会问题之一。《2018 年世界毒品问题报告》显示，全球毒品市场正在扩大；2000～2015 年，全球吸毒直接导致的死亡人数增加了 60%。2018 年 6 月 25 日，我国国家禁毒委员会发布的《2017 年中国毒品形势报告》中指出，我国于 2017 年破获了 14 万起毒品刑事案件，缴获各类毒品 89.2 吨，有效遏制了国内毒品犯罪，但是禁毒形势依然比较严峻。

毒品的肆意流通已经严重危害了人们的生活，毒驾也已成为仅次于酒驾的危险性行为[1,2]。禁毒工作的一个重要组成部分就是通过对吸毒人员进行毒品成分检测进而控制吸毒人员，尿液检查作为一种常规手段已经在禁毒一线使用多年。毒品检测技术可以有效地认定毒品和吸毒者、监测戒毒治疗过程，在抑制毒品滥用和流行方面发挥了重要作用。

不同样本的检测窗口期不同。唾液中甲基苯丙胺主要以原药形式存在，与血药浓度具有高度相关性，可用来判断半小时到一天内的吸毒情况。虽然甲基苯丙胺主要在肠胃内吸收，但大部分仍以原药形态随尿液排出体外，半衰期为 3～7 d。由于尿检的时间段比较短，部分人员采用在检测前三四天停吸的方式规避社区戒毒康复工作站的检查。因此，除对尿液和唾液进行检测外，对毛发进行检测对吸毒者的认定也至关重要[3]。

第二节 毒品检测的需求

由于毒驾对社会危害性巨大，许多国家都建立了毒品路边快速筛查方案对毒驾行为进行制止。目前，在涉毒犯罪案件侦查及审判阶段就要求对毒品成分及含量给出明确数值，以便进行罪行裁量，因此需对待测样本中的毒品成分进行快速识别和定量测定。毒品检测的样本主要为疑似吸毒者的尿液、血液、唾液、毛发和汗液等[4,5]，特殊情况下选用组织器官样本。因此，灵敏、高效、准确和快速的毒品检验技术尤为重要。

第三节 UPT-POCT 毒品检验方法

一、UPT-POCT 用于毒品检测的技术原理

由于毒品是小分子物质，因此基于 UPT-POCT 技术对毒品的检测主要是基于竞争法。首先将 UCNP 颗粒分别与抗毒品单抗和羊 IgG 抗体偶联制备结合垫；硝酸纤维素膜的检测带（T 带）用毒品抗原包被，质控带（C 带）用兔抗羊抗体包被；最后装配成试纸条。测试时，将待测样本滴入试纸条的样品孔，样本受毛细作用力牵引向上层析，在层析过程中样本中的毒品抗原会与 UCP-抗毒品单抗复合物结合。样本中的毒品抗原与 T 带包被的毒品抗原存在竞争关系，所以在后续层析过程中，T 带的毒品抗原会与剩余的 UCP-毒品单抗复合物结合形成固相毒品抗原-抗毒品单抗-UCP 复合物。无论样品中是否存在毒品抗原，C 带位置均会形成固相兔抗羊抗体-羊 IgG-UCP 复合物。UCP 颗粒在 980 nm 激光的激发下发出可见光信号，而 T 带信号和 C 带信号的比值（T/C 值）可作为检测结果。T/C 值与样本中的待测物浓度成反比。将检测卡插入上转换发光免疫分析仪中进行读取分析，可以通过仪器判定检测值是否超过阈值，从而判断样本中是否存在毒品。

二、UPT-POCT 用于毒品检测的技术优势

胶体金尿液检测试剂条是最早用于毒品检测的 POCT 试剂，普遍被警察所熟练掌握。但是胶体金试剂条较高的假阳性率、测试结果不稳定、人为颜色判断检测结果的主观偏差性、无法定量和不易保存等缺点给缉毒工作造成了不便。UPT-POCT 尿液毒品快速检测方法是近年来新兴的一种检测方法，其克服了胶体金检测试剂的上述缺点，用于毒品检测具有以下优势。

（一）高度安全性

无机惰性的发光材料、红外光激发和可见光发射的信号获取方式，使得

UPT-POCT 在对相关人员进行现场检测时不会造成任何危害。

（二）证据具有唯一性

毒品检测的结果作为物证，需要具有高度的唯一性。胶体金技术的结果判断依赖于颜色的深浅，检测结果易被人为干扰或造假。UCP 的发光现象是产生于结构内部的纯粹物理过程，自身发光性能稳定，且完全避免了毒品检测中唾液、尿液和毛发中各种复杂成分对 UPT-POCT 检测结果的影响，可对简单处理过的尿液、唾液和毛发等多种样品进行直接检测。UPT-POCT 检测毒品技术壁垒强大，造假难度非常大，使得证据具有唯一性。

（三）检测结果准确、特异

基于胶体金免疫层析的毒品检测结果的准确度受观测者影响，且其对样本颜色和 pH 等有较高要求。UCNP 颗粒的上转换发光现象确保了检测过程中没有来自外界的背景干扰，从而提升了信噪比、增强了 UPT-POCT 技术的灵敏度，使其对毒品的检测可达纳克每毫升级别。基于上转换发光免疫分析仪检测、判读和内置标准曲线的结果分析模式，排除了人为因素的影响，检测结果准确度高。

（四）上转换发光免疫分析仪便携、易操作、功能齐全

上转换发光免疫分析仪设计紧凑，小巧便携，重量低于 3 kg。该仪器配备触屏，操作方便，内置的打印机可直接打印检测结果报告或将检测结果传输到电脑终端进行数据分析。UPT-3A-1800 型仪器最多可储存 3000 个检测结果。

上转换发光免疫分析仪可使用内置电池或外接电源，便于现场应用。使用环境广泛，在温度 10～30℃，湿度≤90%条件下均可以正常使用，最高可在海拔 5000 m 处使用。此外，上转换发光免疫分析仪配置便携式保护箱，方便携带。

（五）应用广泛

UPT-POCT 主要应用于以下几个方面：①在吸毒嫌疑人员的现场快速初筛检测中，UPT-POCT 可对吸毒嫌疑人员的唾液、尿液或毛发在 2 min 内给出定性判定结果，并能在现场对初筛阳性的吸毒嫌疑人做进一步精确定量检测；②腐败生物检材中，可对毒品代谢物进行分析检测；③用于医院或省市级禁毒部门实验室对未知样品中毒品及其含量进行确认；④用于戒毒所和康复中心等对戒毒人员戒毒情况的监测，以及军队征兵或特种行业招工等的体检。

第四节　应 用 情 况

一、现有的检测方法

不同的毒品类型、不同的毒品存在形式所选用的检验方法都有所不同。目前，被广泛运用的毒品检测分析方法包括以下几种。

（一）常规化学检测法

可以对可疑毒品进行分类，多采用显色反应。该法具有操作简单和快速的优点，缺点为结果依赖肉眼主观判断、灵敏度低和误差大等。

（二）薄层层析方法

适用于基层公安机关，具有操作简便和经济实用等优点，结合薄层扫描法可以判断毒品种类和组分[6]。

（三）基于大型仪器的检测方法

适用于对毒品物证样品的分析鉴定。以高效液相色谱或气相色谱作为分离手段，再联用光谱（如红外光谱、激光拉曼光谱和化学发光分析）和质谱分析等鉴定手段，并辅以分析数据库，可以对毒品混合物的各成分进行有效分离和鉴定。基于大型仪器的检测方法具有灵敏度高、抗干扰能力强、可对复杂组分进行逐个准确定量的优点，但是仪器昂贵、专业性强，因此主要用于毒品检测的实验室确证，不适合用于毒品的现场快速检验[7]。

（四）毛细管电泳

可以为毒品的定性、定量提供依据，包括毛细管区带电泳和非水溶液毛细管电泳，其中，前者可对海洛因、冰毒和摇头丸等进行定量，后者可以分析水溶性较差的毒品，如鸦片中的生物碱等。毛细管电泳具有高效、微量和经济的优点，其缺点为分离选择性受限制和难以长期自动检测等[8,9]。

（五）免疫检测方法

该方法是一种初步筛选手段，还必须借助其他方法做确证性的检验，一般用于基层公安机关现场检测[10]。免疫检测方法主要利用抗体检测样本中的毒品或毒品代谢物，目前已用于吗啡、苯丙胺、海洛因和大麻等毒品的检测。免疫检测方法特异性高，其中以胶体金技术、荧光免疫层析、上转换发光技术为代表的免疫

层析法因其操作简单、快速（≤20 min）、便携、对操作人员要求低等特点，特别
适合毒品的现场快速检测。但胶体金免疫层析法的缺点是只能定性检测，或通过
颜色比对进行半定量检测。而上转换发光技术则能准确定量[11]，且检验结果可以
通过 UPT-3A 系列上转换发光免疫分析仪现场直接打印，并由疑似患者现场在检
验结果上签字，可更好地服务于公安禁毒部门，其客观准确的定量结果和现场直
接签字确认的方式极大地增强了执法人员的信心。

二、UPT-POCT 毒品检测项目及应用情况

（一）UPT-POCT 毒品检测项目

UPT-POCT 广泛应用于药物滥用初筛。氯胺酮（KET）、甲基苯丙胺（MET）、
吗啡（MOP）、四氢大麻酚（THC）和甲卡西酮 5 种毒品 UPT-POCT 试剂已开发
成功，其中前三种检测试剂已获得中华人民共和国国家食品药品监督管理总局
（CFDA）三类医疗器械注册证书（表 13-1）。检测的毒品样本类型主要有尿液、
毛发和唾液等，其中以尿液最为广泛。目前，UPT-POCT 毒品检测项目在海关、
边检和商检等领域均得到了广泛应用，特别是在海上毒品走私犯罪侦查等各种执
法现场。UPT-POCT 是国内首个可精准定量检测的毒品现场快速检测方法，对禁
毒基层检测和一线执法均具有重要意义。

表 13-1　用于毒品检测的 UPT-POCT 产品

序号	产品名称	医疗器械注册证号
1	氯胺酮（KET）检测试剂盒（上转发光法）	国械注准 20173403282
2	甲基安非他明检测试剂盒（上转发光法）	国械注准 20173403284
3	吗啡（MOP）检测试剂盒（上转发光法）	国械注准 20173403283
4	四氢大麻酚（THC）检测试剂盒（上转发光法）	—
5	甲卡西酮检测试剂盒（上转发光法）	

注："—"表示该产品目前尚未进行医疗器械注册

以获得 CFDA 三类医疗器械证书的三种试剂对该类试剂的参数进行说明。
①用途：氯胺酮/甲基苯丙胺/吗啡检测试剂盒（上转发光法）采用竞争模式定量检
测唾液、尿液或毛发样本中的毒品，适用于药物滥用的初筛。②主要组成成分：
上转换发光检测卡、毛发裂解液或唾液收集器等。③存储：室温储存，有效期为
18 个月。④适配仪器：上转换发光免疫分析仪（UPT-3A 系列）。⑤检测：上样量
100 μL，机外室温反应 15 min，上机检测时间<30 s。⑥结果反馈：直接打印或传
输到电脑终端进行数据分析。⑦阈值和特异性：参考美国药物滥用和心理健康服
务管理局（SAMHSA）和中国司法鉴定技术规范《生物检材中苯丙胺类兴奋剂、

度冷丁和氯胺酮的测定》（SF/Z JD0107004—2016）等，对各种样本中的各种毒品 UPT-POCT 检测阈值进行设定（表 13-2）。纳曲酮、丁丙诺啡、伪麻黄碱、苯甲酰 爱康宁、地西泮、美沙酮、曲马多、加替沙星、可待因、阿司匹林、乙醇、葡萄 糖和苯巴比妥等药物在浓度为 100 μg/ml 时，反应结果应为阴性；雷尼替丁、普 鲁卡因和纳洛酮等药品在浓度为 50 μg/ml 时，反应结果应为阴性。

表 13-2　氯胺酮、甲基苯丙胺和吗啡 UPT-POCT 检测结果判别参考区间

检测靶标	试剂种类	参考区间
氯胺酮/甲基苯丙胺	尿液检测试剂	≥1000 ng/ml 提示阳性
	唾液检测试剂	≥50 ng/ml 提示阳性
	毛发检测试剂	≥0.5 ng/ml 提示阳性
吗啡	尿液检测试剂	≥300 ng/ml 提示阳性
	唾液检测试剂	≥15 ng/ml 提示阳性
	毛发检测试剂	≥0.2 ng/ml 提示阳性

（二）UPT-POCT 毒品检测项目样本前处理

1. 唾液样本的前处理

使用唾液采集器采集不少于刻度线位置的唾液；用一次性滴管吸取 100 μl 或 4 滴 唾液，加入唾液处理液管（唾液样本处理液为 0.01 mol/L 磷酸盐缓冲液）中，吹吸混 匀 10 次。样本收集后应尽可能马上使用，若不能及时送检，在 2～8℃冷藏可保存 48 h。

2. 尿液样本的前处理

如果尿液清亮可以直接用于检测。如果尿液样本浑浊，1000～2000 r/min 离心 3～ 5 min 后取上清液检测，室温放置 15 min。样本收集后应尽可能马上使用，若不能及时 送检，可在 2～8℃冷藏保存 48 h，在–20℃存放不超过 3 个月，反复冻融不超过 3 次。

3. 毛发样本的前处理

用剪刀将样本剪成 1～2 mm 细段；取适量剪碎的毛发样本置于一管毛发提取 液（0.01mol/L 磷酸盐缓冲液）中，超声 5 min，1000～2000 r/min 离心 3～5 min 后取上清液备用。

（三）UPT-POCT 在毒品检测中的应用展望

UPT-POCT 毒品检测试剂可以全面检测唾液、尿液和毛发样品中的吗啡、甲 基苯丙胺和氯胺酮等毒品，且其检测种类可以随时拓宽。UPT-POCT 仅需简单地 处理样本，检测时长小于 20 min，其检测极限完全超过了国际标准，并且"尿液

+唾液+毛发"三位一体的毒品检测体系，真正实现了多维度、现场快速排查。UPT-POCT 提高了禁毒工作中现场办案时的效性和精准度，为基层一线民警建立了便捷、适宜的检验技术平台，在毒品检测、法医毒物学、临床毒物学以及兴奋剂检测领域具有非常广泛的应用前景和应用价值。

参 考 文 献

[1] Verstraete A, Knoche A, Jantos R, et al. Driving under the Influence of Drugs, Alcohol and Medicines (DRUID): per se limits-methods of defining cut-off values for zero tolerance. Bergisch Gladbach: DRUID Project, Bergisch Gladbach. 2011.

[2] Xiang X, Wang X, Jiang H, et al. Drugs and driving in China: status and challenge. Int J Drug Policy, 2016, 31: 203-204.

[3] Shen M, Chen H, Xiang P. Determination of opiates in human fingernail-comparison to hair. J Chromatogr B Analyt Technol Biomed Life Sci, 2014, 967: 84-89.

[4] Sarris G, Borg D, Liao S, et al. Validation of an EMIT (R) screening method to detect 6-acetylmorphine in oral fluid. J Anal Toxicol, 2014, 38(8): 605-609.

[5] Fabritius M, Chtioui H, Battistella G, et al. Comparison of cannabinoid concentrations in oral fluid and whole blood between occasional and regular cannabis smokers prior to and after smoking a cannabis joint. Anal Bioanal Chem, 2013, 405(30): 9791-9803.

[6] Kuwayama K, Tsujikawa K, Miyaguchi H, et al. Rapid, simple, and highly sensitive analysis of drugs in biological samples using thin-layer chromatography coupled with matrix-assisted laser desorption/ionization mass spectrometry. Anal Bioanal Chem, 2012, 402(3): 1257-1267.

[7] Rodrigues W C, Wang G, Moore C, et al. Development and validation of ELISA and GC-MS procedures for the quantification of dextromethorphan and its main metabolite dextrorphan in urine and oral fluid. J Anal Toxicol, 2008, 32(3): 220-226.

[8] Isbell T A, Strickland E C, Hitchcock J, et al. Capillary electrophoresis-mass spectrometry determination of morphine and its isobaric glucuronide metabolites. J Chromatogr B Analyt Technol Biomed Life Sci, 2015, 980: 65-71.

[9] Mikuma T, Iwata Y T, Miyaguchi H, et al. The use of a sulfonated capillary on chiral capillary electrophoresis/mass spectrometry of amphetamine-type stimulants for methamphetamine impurity profiling. Forensic Sci Int, 2015, 249: 59-65.

[10] Teerinen T, Lappalainen T, Erho T. A paper-based lateral flow assay for morphine. Anal Bioanal Chem, 2014, 406(24): 5955-5965.

[11] Hu Q, Wei Q, Zhang P, et al. An up-converting phosphor technology-based lateral flow assay for point-of-collection detection of morphine and methamphetamine in saliva. Analyst, 2018, 143(19): 4646-4654.

第十四章　UPT-POCT 在生物反恐和安全领域的应用

张平平[1]　任兴波[2]

生物恐怖主义（bioterrorism）是指使用生物手段非法对人的健康或财产实行暴行威胁，以达到政治或社会目的的行为；生物战（biological warfare）是应用生物武器完成军事目的的行动。在生物恐怖主义或生物战中使用的致病微生物或毒素，既能导致敏感人群患病或中毒从而威胁人类健康，又能导致动植物等发病而造成巨大经济损失，被称为生物恐怖剂或是生物战剂[1]。大多数生物恐怖剂也广泛存在于自然界中的天然宿主或制毒物质中，能够自然传播或是传染，从而引发突发公共卫生事件。

"9·11"事件后的炭疽芽孢邮件恐怖事件引起了人们对生物恐怖的广泛关注[2]，而自然疫源地鼠疫、炭疽等疾病的时常暴发也使得人们心有余悸。对这些生物恐怖剂防患于未然的监测，或在生物恐怖袭击或突发公共卫生事件中正确地检验鉴定，是公共安全的重要防线。

第一节　生物反恐和安全领域检测的特点

一、生物恐怖剂的种类和传播途径

生物恐怖剂或生物战剂种类繁多，传播方式多种多样。1997 年《禁止生物武器公约》缔约国家确认了生物战剂标准和生物战剂病原体清单，此清单在随后的会议中只是略有变动。有些生物恐怖剂属于人畜共患病原体，如鼠疫耶尔森菌（*Y. pestis*）（以下简称鼠疫菌）、炭疽芽孢杆菌（*B. anthracis*）、布鲁氏菌（*Brucella* spp.）、土拉热弗朗西丝菌（*F. tularensis*）（以下简称土拉菌）、类鼻疽伯克霍尔德菌（*B. pseudomallei*）和贝氏柯克斯体（*C. burnetii*）等。这些人畜共患病原体能在自然疫源地的宿主中长期生存，成为人类健康的长期潜在威胁。而很多毒素类生物恐怖剂可以在自然界中的生物中轻易获取。

---

1 张平平　军事科学院军事医学研究院微生物流行病研究所，生物应急与临床 POCT 北京市重点实验室
2 任兴波　生物应急与临床 POCT 北京市重点实验室，北京热景生物技术股份有限公司

（一）生物恐怖剂的分类

1. 生物恐怖剂种属分类

　　生物恐怖剂种类繁多，随着现代分子生物学技术的发展，现有的生物恐怖剂经由 DNA 重组技术、细胞融合技术改造后，可以形成新的生物恐怖剂。按照种属区别，生物恐怖剂分为细菌、病毒、立克次体、衣原体和毒素等类型，其中除毒素外均属于微生物。生物恐怖剂的分类具体如下。①细菌类生物恐怖剂包括鼠疫菌[3]、炭疽杆菌、A 型和 B 型土拉菌、布鲁氏菌、类鼻疽伯克霍尔德菌、霍乱弧菌（V. cholerae）和伤寒沙门菌（S. typhi）等。其中，《中华人民共和国传染病防治法》中所列的甲类传染病鼠疫、霍乱分别是由鼠疫菌和霍乱弧菌引起的。②病毒类生物恐怖剂大部分为 RNA 病毒，如马尔堡病毒（Marburg virus）、森林脑炎病毒（tick-borne encephalitis virus）、汉坦病毒（Hanta virus）、人类免疫缺陷病毒（human immunodeficiency virus）、严重急性呼吸综合征冠状病毒（severe acute respiratory syndrome coronavirus，SARS-CoV）、中东呼吸[系统]综合征冠状病毒（Middle East respiratory syndrome coronavirus，MERS-CoV）、埃博拉病毒（Ebola virus）、西班牙流感病毒、甲型 H1N1 流感病毒（influenza A virus）、禽流感病毒（avian influenza virus）、丙型肝炎病毒（hepatitis C virus）和狂犬病毒（rabies virus）等；DNA 病毒很少，如乙型肝炎病毒（hepatitis B virus）。③立克次体类生物恐怖剂包括贝纳柯克斯体（Coxiella burnetii）、立氏立克次体（Rickettsia rickettsii）和普氏立克次体（Rickettsia prowazeki）等，它们是一类严格细胞内寄生的原核细胞微生物。④衣原体类生物恐怖剂主要是可感染多种鸟类和人的鹦鹉热衣原体（Chlamydia psittaci）。⑤毒素类生物恐怖剂是介于传统的生物和化学恐怖剂之间的一类，是由活的有机体分泌或代谢产生的有特殊活性的并对其他生物有毒的物质。在常见的毒素类生物恐怖剂中，A 型肉毒毒素、金黄色葡萄球菌肠毒素是从微生物中提取的，而相思子毒素和蓖麻毒素是从植物中提取的。按照性质划分，生物毒素可以分为两类，一类为蛋白质或肽类毒素，如蓖麻毒素和相思子毒素，另一类为小分子毒素，如黄曲霉毒素和 T-2 毒素[4]。蛋白质毒素是由一个生物活性单位（A 单位）和结合单位（B 单位）构成的，A 单位为毒性功能区，B 单位促进毒素分子进入细胞。

2. 生物恐怖剂致病性分类

　　按照致病性划分，生物恐怖剂可以分为致死性和失能性。①致死性生物恐怖剂的致死率极高，如在无抗生素治疗情况下，败血症型鼠疫的致死率为 90% 以上，而吸入引发的肺型土拉菌病的致死率可达 60%。鼠疫菌、炭疽杆菌、A 型土拉菌、类鼻疽伯克霍尔德菌、黄热病毒（yellow fever virus）、天花病毒（variola virus）、立氏立克次体、鹦鹉热衣原体和肉毒毒素等均属于致死性生物恐怖剂。②失能性生物恐怖剂能使人失去抵抗能力，如布鲁氏菌和贝纳柯克斯体等都属于重要的失能性生物恐怖剂。

（二）生物恐怖剂的传播途径

1. 常见的传播途径

生物恐怖剂可以通过空气、接触、食物、水和媒介等多种途径传播。其中，有些微生物类生物恐怖剂能引起人与人之间的传播，如鼠疫菌[5]、炭疽杆菌和埃博拉病毒。通过空气传播的生物恐怖剂，能以气溶胶形式进行大面积投放，一旦散播危害范围巨大，如立氏立克次体、鼠疫菌[6]和炭疽杆菌[7]。接触传播是指病原体通过直接接触或间接接触的方式，如在畜牧业的牛羊屠宰或皮革处理的过程中通过接触感染的动物而使人患病，具备人与人间传播能力的微生物类生物恐怖剂还能在公共场所通过近距离呼吸飞沫传播[5]。经食物传播是通过含有病原体或受到病原体污染的食物而造成的疾病传播，如人类通过误食患病动物的肉制品或奶制品而被病原体感染，通过误食污染的海产品被霍乱弧菌感染[8]。经水传播也是一种重要的传播方式，是霍乱弧菌[9]的主要传播方式，也是炭疽杆菌和土拉菌[10]等其他生物恐怖剂的众多传播方式中的一种，如炭疽杆菌芽孢可以长年生存在河床底部的淤泥中，而土拉菌则可以在冰冷的河水中生存数月。媒介传播中的媒介多为节肢动物，如蚊、蝇、虱、螨、蜱等。鼠疫菌、土拉菌、黄热病毒和普氏立克次体的传播媒介分别为蚤、蜱、蚊虫和人虱。

2. 多种传播途径

生物恐怖剂在自然界中存在多种传播途径，如鼠疫菌的传播途径包括空气传播、接触传播、食物传播、经水传播和媒介传播，这提示我们在生物检测中面对的样品是多种多样的。

二、生物恐怖剂的危害、诊断、预防和治疗

生物恐怖剂危害极大，即使是涉恐的可疑事件也很容易造成公众恐慌。由生物恐怖剂引发的疾病和普通疾病混淆而造成的误诊、急性烈性疾病病情的迅速恶化和治疗手段的有限性，都凸显出对生物恐怖剂的预防控制的重大意义，尤其是对传染性生物恐怖剂的防控。

（一）危害和诊断

1. 危害

极低的致病剂量、多样的致病类型、极高的致死或致残率、极广的波及范围

和持续的危害性，都是人们对生物恐怖剂谈之色变的原因。而生物恐怖剂对环境的极强适应能力，更是能对泄漏地区的环境和人类健康形成长期持续威胁，生物恐怖剂的特点主要包括以下几个方面。①生物恐怖剂通常具有极低的致病剂量。尤其微生物类生物恐怖剂能够在生物体内迅速大量增殖，即使数量极少也会导致严重疾病，如 A 型土拉菌对人的感染剂量为小于 10 个的活病原菌。②致病类型包括通过呼吸道、消化道、皮肤、血液和腺体等多种途径致病，很多病原体同时具有多种致病类型。有些病原体具有破坏人类免疫系统的能力，如鼠疫菌不仅不能被人体的巨噬细胞吞噬和清理，还能在巨噬细胞内繁殖并进一步扩散[11]。③很多生物恐怖剂会导致急性重症疾病，其致死率或致残率非常高。例如，肺型鼠疫患者的临床症状表现为高热寒颤、咳嗽、胸痛、咳血、呼吸困难，最终因全身器官衰竭而出现严重中毒症状后于 2～4 d 死亡。肺型和全身型鼠疫的致死率可达 30%～60%。鼠疫菌因具有抗吞噬的荚膜故能在淋巴系统内增殖并能进入血液，出现毒血症，一旦感染就很难再被人体清除，致使患者长期关节疼痛、浑身乏力并丧失劳动能力，严重影响患者的生活质量。④生物恐怖剂的波及范围很广，甚至是全世界范围内。历史上三次大规模人间鼠疫的大流行，导致至少 1.6 亿人的死亡[3]。根据世界卫生组织官网统计，历史上 7 次霍乱大流行，波及 100 多个国家和地区；而目前布鲁氏菌病在全球均有发现，在大多数国家属于法定报告疾病。⑤一旦发生生物恐怖剂的泄漏，不仅会对当前的人类健康造成危害，很多还会长期存在于人体或是环境内，形成持续危害。而炭疽芽孢可以存活于土壤中多达数十年，一旦有适宜条件就能再次暴发。

2. 诊断

生物恐怖剂导致的疾病可以根据流行病学史、临床症状、病原学和血清学诊断结果进行综合判断。

（1）流行病学史诊断

患者的流行病学史，主要从以下几点判断：①患者是否生活在或是发病前两周到达过疫病流行区或污染区；②是否被节肢动物叮咬过；③是否接触或食用过感染的动物、动物制品、水产品或是污染的水源等。

（2）临床症状诊断

根据患者的临床症状进行诊断。有些生物恐怖剂引起的症状比较单一，如霍乱主要症状为腹泻，绝大多数患者大便开始为泥浆样，后迅速变为泔水样或是无色透明水样，并含有大量片状黏液。而有着多种感染类型的生物恐怖剂会引起多种临床症状，如土拉菌病至少存在 6 种不同的感染症状，包括腺型、肺型、胃肠型和全身型（伤寒型或败血症型）等。

许多由生物恐怖剂引发的疾病症状与普通疾病症状很类似，如土拉菌引发的发热很容易被误诊为感冒[12]，而土拉菌引发的肺炎和其他病因造成的肺炎无临床症状差别[13]。因此，在缺乏病原学检测信息提示的情况下，医护工作者难以对病因做出正确诊断，致使很多疾病容易延误治疗，并且由此造成的防护缺失可能导致生物恐怖剂在医疗机构内部扩散。

（3）病原学诊断

对致病病原体进行确认后，可以确定治疗方式，并根据生物恐怖剂的传播方式进行预防控制，因此病原学诊断对疾病确诊和防控至关重要。

（4）血清学诊断

在发病初期，由于病原体数量较少很难被检测到，但是血液中的抗体已经产生，因此可以通过检测血清中的抗体对疾病做出早期诊断[14]。

（二）预防和治疗

1. 治疗

生物恐怖剂对人体的危害巨大，采用必要的治疗手段及时对患者进行救治是挽救生命和良好预后的重要保证。很多生物恐怖剂的治疗手段有限，预后不好。对细菌性生物恐怖剂感染者的治疗，通常使用过量的抗生素（如鼠疫的特效药物为链霉素，土拉菌对多种抗生素敏感），这种做法通常会引起患者骨质疏松和关节伤害。治疗具有时效性，尤其是烈性传染病需要紧急治疗，否则很容易造成死亡。例如，霍乱患者腹泻导致体内水和电解质的大量丧失，迅速出现严重脱水和微循环衰竭，必须及时得到水和电解质的补充。对患者及时救治，还能够有效降低病原体在医疗机构内部扩散的风险。

2. 防控

消灭传染源、切断传播途径和保护易感人群是防控传染性生物恐怖剂的方法。

3. 封锁隔离

对于传染性的生物恐怖剂，要及时对暴发地区设立隔离，并对患者、接触者或进入过疫区的人实施人员隔离。病患尸体要焚烧深埋。

4. 消毒

对环境喷洒消毒剂，对患者所用物品要进行高温高压处理。

5. 疫苗接种

对自然疫源地的人群和接触相关病患的医疗或科研工作人员，可以提前接种疫苗予以预防（如土拉菌、鼠疫菌和炭疽杆菌的疫苗株或减毒株可通过皮肤划痕接种）。但是，目前很多生物恐怖剂还是没有有效的疫苗，如鹦鹉热衣原体。目前已有的病毒疫苗包括牛痘疫苗（针对天花病毒）、狂犬病疫苗、乙型肝炎疫苗、汉坦病毒疫苗等。但是 RNA 病毒（如人类免疫缺陷病毒的逆转录病毒）容易变异，这使得有些现有的 RNA 病毒疫苗失效，需要针对新的变异研制新的疫苗。

6. 加强防护

在护理、治疗患者或病畜的医疗活动中，或是接触培养物等科研活动中，要加强个人防护和环境防护。

三、生物恐怖剂的检测特点

由于生物恐怖剂具有高致病性，加之许多微生物类生物恐怖剂具有极强的传播能力，因此对生物恐怖剂的检测必须首先保证操作的安全性，即采取必要的隔离防护措施。其次，要保证检验结果尽量及时准确，以便对险情做出预警，并对一些假袭击事件及时进行揭穿，以恢复正常的社会秩序。再次，为提高检测效率和减少过多操作对环境造成的污染，对未知病原体的筛查最好实现多重检测。

（一）操作安全保证

为了检测人员的人身安全和防止生物恐怖剂进一步扩散，在现场处置时必须配备防护装备；对烈性生物恐怖剂的检测需要在专业的病原微生物实验室或是在现场具备病原微生物实验室的生物侦检车上进行。

1. 现场处置

现场检测操作人员应该配备相应的手套、口罩、帽子、防护罩或防护服等防护装备；对污染区内的患者与病畜要进行必要的隔离；对污染区进行封锁。经现场初筛到的可疑材料需送至后方专业实验室做进一步确认，这些可疑材料必须使用防水、防破损、防外泄、耐高温高压的容器或是包装材料进行运输，并必须张贴生物危害标识。

2. 实验室生物安全

具有资质的病原微生物实验室或是相应的流动实验室、专业的实验室人员和严格的操作规范都有助于进行有效检测和防止实验室病原微生物泄漏。依照实验室生物安全国家标准，不同生物安全防护等级的生物实验室包括一级、二级、三级和四级实验室（生物安全防护水平由低到高），只有三级、四级实验室才能从事高致病性病原微生物相关的实验活动，并且相关操作要由具有相关专业知识和操作技能的工作人员在生物安全柜中进行。防止实验室感染是必要的：若有相关的疫苗，需要进行必要的疫苗接种；在处理培养物或者感染性材料时，需要使用面罩、橡胶手套和生物防护罩；感染性材料及处理材料所用培养基和手套等要进行高压处理；对生物安全柜要经常喷洒消毒剂。

（二）检测准确性的保证

检测的准确性涉及检测限、特异性和耐受性三个方面。

1. 检测限

生物恐怖剂的检测限较低，这主要是由生物恐怖剂的低剂量致病性和培养受限决定的。微生物类生物恐怖剂的增殖能力较强，因此很多烈性生物恐怖剂的检测要求为不得检出。危害性较低的微生物可以通过培养增殖提高检测准确性，但是烈性病原体原则上不得培养或是减少培养频率，这就要求检测方法具有较低的检测限来保证检测结果的准确性。

2. 特异性

由于自然界中的微生物或生物物质种类繁多，因此检测方法只能对检测靶标发生反应，尤其是对一些结构类似、种属近缘株、具备相同传播途径的微生物和生物物质都不产生非特异的反应，即保持较好的特异性。

3. 耐受性

（1）对不同样品的耐受性

现场样品极其复杂，如面粉、奶粉或腻子粉均可以作为生物恐怖剂的载体从而被制成白色粉末，又如对自然疫源地区患病动物采集的样品形式多样，且很多都已经腐败。这就要求检测方法能够耐受多种样本，不对含有检测靶标的基质发生非特异反应。

（2）对操作误差的耐受性

不同的操作人员可能存在不同的操作习惯，因此一个检测方法需要在这些操作误差的存在下，保持检测的灵敏性和特异性。

（三）检测时间的保证

在保证安全和准确性的前提下，缩短检测时间有助于对患者进行及时治疗、切断传播途径和防止污染扩散。

（四）多重检测的需求

多重检测可以有效地提高检测效率、节约样品和减少操作污染。相对于单靶标检测而言，多重检测减少了检测人员的工作量、缩短了检测周期、降低了失误概率；对一份样品进行的多个靶标检测可以减少所需的样品量，这对于比较珍贵的样品而言尤为重要，避免了对一份样品反复操作，这样就能有效地降低生物恐怖剂对检测人员和环境污染的可能性。但是，目前在一个体系内同时完成多个反应和同时抽提多个信号的技术尚不完善，所以现有的多重检测技术在稳定性、抗干扰性和重现性等方面存在一些问题。

多重检测可以有效地应用于对未知病原体的鉴定和对同时施放的多种病原体的检测等方面。生物恐怖剂的种类繁多，在发生安全事件时首先要对未知病原体进行鉴定，而多重检测可以在短时间内确定生物恐怖剂的种类。多种生物恐怖剂可能同时施放，可能造成单种和多种生物恐怖剂感染或中毒的病例存在，如美国和苏联曾经将贝纳柯克斯体、鹦鹉热衣原体和流感病毒混合，采用气溶胶等形式用于战场。而多重检测技术可以迅速判别是单种还是多种生物恐怖剂的感染或中毒。

第二节　生物反恐和安全领域检测项目的需求

一、生物恐怖剂的威胁及检测需求

1. 生物恐怖剂威胁的特点

随着科技的发展，生物恐怖剂越来越易获得和散播。因为成本低、使用方便、杀伤力大以及施放后引起的社会影响大，生物恐怖剂越来越受到恐怖组织的青睐。总体来说生物恐怖趋势越来越严重。

（1）生物恐怖剂的易得性

许多生物恐怖剂比较容易从自然界中获得，比如从自然疫源地的宿主中可以轻易获取人畜共患类生物恐怖剂，而许多毒素（如蓖麻毒素和相思子毒素）则可以从自然生物中用比较成熟的方法提取。现代生物技术的发展使得生物恐怖剂的制备更加容易[15]，比如使用发酵技术可以大批量生产细菌性生物恐怖剂、用基因工程或化学合成法可以批量生产毒素。

（2）袭击的多样性

水源、空调系统、食品、信件都是生物恐怖剂的有效载体，而投放的形式也多种多样，如气溶胶、白色粉末等。

2. 生物恐怖检测的需求领域

（1）自然疫源地的监测

对传染病的常规监测，尤其对于自然疫源地来说，是预防传染病暴发的最有效手段。各种传染病的监测对象有所不同，啮齿动物、跳蚤是鼠疫的天然宿主库[3]；自然水体和浮游生物分别是霍乱弧菌的自然生存环境与宿主库[16]；亚热带或热带等疫源地是类鼻疽伯克霍尔德菌的自然生存环境[17]。

（2）突发公共卫生事件的处置

恐怖袭击、实验室泄漏、集体食物中毒、病例的集中暴发，都需要生物检测及时给出结论，防止事态的进一步恶化。

二、现场快速检测

中国医学装备协会现场快速检验（POCT）装备技术专业委员会将 POCT 定义为在采样现场直接实施的、利用便携式分析仪器及配套试剂快速给出分析结果的一种检测方式。POCT 对检测技术的要求比较苛刻，既要即时检测，又要保证足够的灵敏性和特异性。

1. 在生物恐怖剂筛查中实现 POCT 的意义

（1）实现现场筛查

在自然疫源地和对现场突发事件进行针对生物恐怖剂的现场筛查，有助于提升现场处置响应速度，为减少疫病暴发提供有力的支持。

（2）确保生物安全

由于很多生物恐怖剂极具危险性或传染性，因此操作步骤越少越好。POCT 操作大多简便易行，如常用的免疫层析试纸只需简单的上样操作即可完成检测，而且试纸条经高压后即可抛弃，这样能有效地防止病原体泄漏。

2. 免疫层析检测

由于检测速度快且操作简便，免疫层析检测已成为现场初筛中公认的 POCT 方法。但是，传统的胶体金的免疫层析检测是基于肉眼的结果观测方式，以及金颗粒与抗体之间脆弱的物理结合作用，导致了其较低的灵敏度和特异性。下节所涉及的上转换发光即时检验（UPT-POCT）技术，是基于上转换发光纳米颗粒（UCNP）独特的上转换发光现象，以及 UCNP 和抗体的共价键结合，并应用生物传感技术将 UCNP 的光信号转变为仪器易于读出的电信号，实现了对多种样品灵敏和特异性的检测，并对复杂样品具有较强的耐受性。

第三节　在生物反恐和安全领域的 UPT-POCT 方法及其评价

一、检测模式的选定

UPT-POCT 用于生物恐怖剂检测的检测模式，主要通过判断检测靶标分子的大小予以确定。对于生物类大分子检测靶标，主要通过双抗体夹心法进行检测；而对于小分子检测靶标，则选用竞争检测法。此外，还有类似于双抗体夹心模式的双抗原检测模式，主要应用于抗体类大分子的检测。

（一）基本检测模式

1. 双抗体（或双抗原）夹心检测模式

双抗体夹心检测模式主要应用于针对细菌抗原和蛋白质类毒素的检测，如针对鼠疫菌[18]、布鲁氏菌[19]、炭疽芽孢[20]、土拉菌[21]，类鼻疽伯克霍尔德菌[22]、霍乱弧菌[23]、肠出血性大肠埃希菌 O157:H7（E. coli O157:H7）[24]、蓖麻毒素[25]和相思子毒素的检测。双抗原夹心检测模式主要应用于抗生物恐怖剂抗体的检测，如针对抗鼠疫菌抗体[26]和抗肝炎病毒抗体[27]的检测。

以鼠疫菌检测项目（图 14-1）为例，抗鼠疫菌单抗 1 固定于分析膜的检测带（T 带）上，抗鼠疫菌单抗 2 共价结合于 UCNP。当加入阳性样品后，样品中的鼠疫菌首先和 UCNP-抗鼠疫菌单抗 2 结合，然后向前涌动被 T 带捕获，形成 T 带-抗鼠疫菌单抗 1-鼠疫菌-抗鼠疫菌单抗 2-UCNP 复合物。UCNP 在红外光激发下发射可见光，其发射光的强度与样品中鼠疫菌的浓度成正比。无论样品中是否存在鼠疫菌，在分析膜上的质控带（C 带）都会形成 C 带-羊抗鼠抗体-抗鼠疫菌单抗 2-UCNP 复合物，用以质控层析过程是否正常进行。T 带信号和 C 带信号的比值，即 T/C 值，作为检测结果。在双抗体夹心检测模式中，T/C 值随着样品中的鼠疫菌浓度增加而增加。而在双抗原夹心检测模式中，生物恐怖剂的抗原（如鼠疫的 F1 抗原）分别作为检测带和 UCNP 标记对象，即可实现相应抗体的检测。

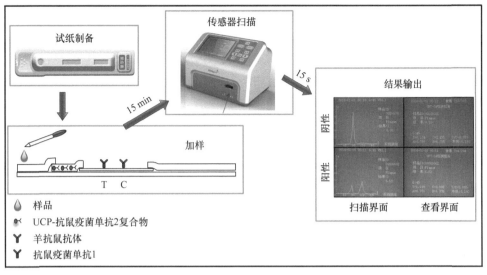

图 14-1 基于双抗体夹心检测模式针对鼠疫菌检测的 UPT-POCT 示意图

2. 竞争法检测模式

由于小分子物质的分子量过小，无法使用双抗体夹心检测模式，因此通常采用竞争法检测模式。应用于真菌毒素等生物恐怖剂的检测都是基于竞争法检测模式，如黄曲霉毒素 B1[28]、黄曲霉毒素 M1[29]和 T-2 毒素等。

以黄曲霉毒素 B1（AFB1）检测项目为例（图 14-2），AFB1-BSA 交联物固定于分析膜的 T 带，抗 AFB1 单抗共价结合于 UCNP。当加入阳性样品后，样品中

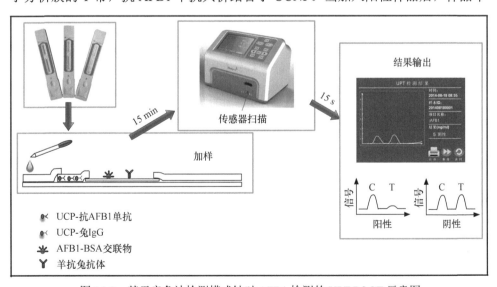

图 14-2 基于竞争法检测模式针对 AFB1 检测的 UPT-POCT 示意图

的 AFB1 首先和 UCNP-抗 AFB1 单抗结合，而结合 AFB1 的 UCNP-抗 AFB1 单抗无法再与分析膜 T 带上的 AFB1-BSA 交联物结合，进而导致 T 带信号降低。分析膜的 C 带上固定有羊抗兔抗体，可以捕获 UCNP-兔 IgG 形成稳定信号，从而质控反应的进行。在竞争法检测模式的检测结果中，T/C 值随着样品中 AFB1 浓度的增加而减小。

（二）多重检测模式

UPT-POCT 针对生物恐怖剂的多重检测包括十通道检测试纸盘和多条带试纸两种检测模式。十通道检测试纸盘是将 10 个单靶标试纸放置于一个圆盘内，这样通过一次加样即可获得 10 个项目的检测结果，如采用 10 个鼠疫菌蛋白和双抗原夹心法制备成的十通道检测试纸盘对鼠疫菌抗体进行检测，为寻找鼠疫菌诊断标志物提供线索[26]。而多条带试纸是在一个试纸条上布置两个或多个 T 带，每个 T 带对应一个检测项目，如针对霍乱弧菌 O1 和 O139 建立的双通道检测试纸[23]。

二、检测性能

（一）基本性能

灵敏度和特异性是评价一个检测方法的基本指标，UPT-POCT 对各种生物恐怖剂的检测灵敏性和特异性总结于表 14-1。UPT-POCT 检测细菌类生物恐怖剂的灵敏度最高可达 10^3 CFU/ml（因为样品是经 10 倍稀释后上样的，且上样量为 100 μl，所以实际上每个试纸条最低可以检测 10 个细菌），而对毒素的检测灵敏度可达 0.03 ng/ml。定量范围可以跨越 4～5 个数量级，其中炭疽芽孢检测项目最高达到 6 个数量级[30]。检测变异系数均低于 15%。UPT-POCT 对种属近缘、结构类似或传播途径相似的生物恐怖剂大都能保持较好的特异性。

表 14-1　UPT-POCT 对各种生物恐怖剂的检测灵敏度、定量范围和特异性

分类	检测靶标	灵敏度	定量范围	特异性
细菌类生物恐怖剂	鼠疫菌[18,30]	10^4 CFU/ml	10^4～10^8 CFU/ml	对阿氏耶尔森菌、小肠结肠炎耶尔森菌、中间耶尔森菌、克氏耶尔森菌、假结核耶尔森菌、罗氏耶尔森菌和鲁氏耶尔森菌等种属近缘株特异；对炭疽芽孢、布鲁氏菌、大肠杆菌和猪霍乱沙门菌等生物恐怖剂特异
	炭疽芽孢[20,30]	10^5 CFU/ml	10～10^{10} CFU/ml	对褐黑芽孢杆菌、苏云金芽孢杆菌、巨大芽孢杆菌、蕈状芽孢杆菌、布鲁氏菌和鼠疫菌特异；因芽孢结构的高度相似性，对部分蜡样芽孢杆菌和枯草芽孢杆菌的分离株有交叉反应

续表

分类	检测靶标	灵敏度	定量范围	特异性
细菌类生物恐怖剂	布鲁氏菌[19,30]	10^6 CFU/ml	$10^6 \sim 10^9$ CFU/ml	对肠出血性大肠埃希菌 O157:H7、沙门菌（包括猪霍乱沙门菌、肠炎沙门菌、甲型副伤寒沙门菌、乙型副伤寒沙门菌、丙型副伤寒沙门菌、伤寒沙门菌、鼠伤寒沙门菌等）、霍乱弧菌 O1 和 O139、假结核耶尔森菌、小肠结肠炎耶尔森菌、炭疽芽孢和鼠疫菌特异
	类鼻疽伯克霍尔德菌[22]	10^4 CFU/ml	$10^4 \sim 10^7$ CFU/ml	对铜绿假单胞菌、伯克霍尔德属（包括鼻疽伯克霍尔德菌、椰毒伯克霍尔德菌、泰国伯克霍尔德菌、格氏伯克霍尔德菌、唐菖蒲伯克霍尔德菌、越南伯克霍尔德菌、洋葱伯克霍尔德菌、吩嗪伯克霍尔德菌）等近缘株特异；对炭疽芽孢、布鲁氏菌、土拉菌、鼠疫菌、肠出血性大肠埃希菌 O157:H7、无害李斯特菌、单增李斯特菌、沙门菌（包括猪霍乱沙门菌、肠炎沙门菌、甲型副伤寒沙门菌、乙型副伤寒沙门菌、丙型副伤寒沙门菌、伤寒沙门菌、鼠伤寒沙门菌）、痢疾志贺菌、霍乱弧菌 O1 和 O139 及副溶血弧菌特异
	土拉菌[21]	10^4 CFU/ml	$10^4 \sim 10^8$ CFU/ml	对炭疽芽孢、布鲁氏菌、类鼻疽伯克霍尔德菌、鼠疫菌、肠出血性大肠埃希菌 O157:H7、无害李斯特菌、单增李斯特菌、沙门菌（猪霍乱沙门菌、肠炎沙门菌、甲型副伤寒沙门菌、乙型副伤寒沙门菌、丙型副伤寒沙门菌、伤寒沙门菌、鼠伤寒沙门菌等）、霍乱弧菌 O1 和 O139 及副溶血弧菌特异，对 10^8 CFU/ml 的痢疾志贺菌稍有交叉反应
	霍乱弧菌[23]	10^4 CFU/ml	$10^4 \sim 10^8$ CFU/ml	对河流弧菌、麦氏弧菌、拟态弧菌、创伤弧菌，副溶血弧菌、嗜水气单胞菌、大肠杆菌、沙门菌和福氏志贺菌特异
	肠出血性大肠埃希菌 O157:H7[24]	10^3 CFU/ml	$10^3 \sim 10^7$ CFU/ml	对大肠杆菌 O111:K74、弗氏柠檬酸杆菌、乙型副伤寒沙门菌、甲型副伤寒沙门菌、肠炎沙门菌、鲍氏志贺菌、福氏志贺菌、变形杆菌、产气肠杆菌、枸橼酸杆菌、沙雷菌、葡萄球菌、副溶血弧菌和单增李斯特菌特异

续表

分类	检测靶标	灵敏度	定量范围	特异性
毒素	蓖麻毒素[25]	0.5 ng/ml	0.5 ～1000 ng/ml	对志贺毒素Ⅰ、志贺毒素Ⅱ、黄曲霉毒素M1、黄曲霉毒素B1、赭曲霉毒素和相思子毒素特异
	相思子毒素[31]	0.1 ng/ml	0.1～1000 ng/ml	对黄曲霉毒素B1、黄曲霉毒素M1、赭曲霉毒素、肉毒毒素、志贺毒素Ⅰ、志贺毒素Ⅱ、金黄色葡萄球菌肠毒素B和蓖麻毒素特异
	黄曲霉毒素B1[28]	0.03 ng/ml	0.03～1000 ng/ml	对黄曲霉毒素M1、赭曲霉毒素、相思子毒素、蓖麻毒素、志贺毒素Ⅰ、志贺毒素Ⅱ、金黄色葡萄球菌肠毒素B和肉毒毒素特异
	黄曲霉毒素M1[29]	0.1 μg/kg 奶粉；0.3 μg/L 牛奶	0.1～0.7 μg/kg 奶粉；0.3～0.7 μg/L 牛奶	—
病毒	抗肝炎病毒抗体[27]	10 mIU/ml	20～900 mIU/ml	—

注：—表示此处无内容

（二）对生化试剂、操作误差的耐受能力

在对 5 个细菌性生物恐怖剂的检测中，UPT-POCT 对生化试剂和操作误差的耐受能力得以评价[21,22,30]，并总结于表 14-2 中。UPT-POCT 能耐受的试剂最大浓度称为耐受限，其对 pH、离子强度、黏度、生物大分子的耐受限最高可分别达到 pH 1～13、≥4 mol/L NaCl 和 KCl 混合物、≤100 mg/ml 的 PEG 20 000、≥20% 的甘油、≥400 mg/ml 的 BSA 和≥80 mg/ml 的干酪素。甚至在某些耐受限处，UPT-POCT 的检测灵敏度得以提升一个数量级。操作误差，包括-50%～200%的样品量误差、-22%～44%的样品处理液量误差、-30%～30%的上样量误差，对 UPT-POCT 的灵敏度和特异性都没有影响。

表 14-2　UPT-POCT 在 5 种细菌性生物恐怖剂检测中对各种生化试剂的耐受限

生化试剂		单位	检测靶标				
			炭疽芽孢[30]	布鲁氏菌[30]	鼠疫菌[30]	类鼻疽伯克霍尔德菌[22]	土拉菌[21]
pH	HCl	mol/L	≤0.001 (pH 3)	≤0.01 (pH 2) **	≤0.01 (pH 2)	≤0.1 (pH 1)	≤0.01 (pH 2)
	NaOH	mol/L	≤0.01 (pH 12)	≤0.01 (pH 12) **	≤0.001 (pH 11)	≤0.01 (pH 2)	≥0.1 (pH 13)

续表

生化试剂		单位	检测靶标				
			炭疽芽孢[30]	布鲁氏菌[30]	鼠疫菌[30]	类鼻疽伯克霍尔德菌[22]	土拉菌[21]
离子强度	NaCl + KCl	mol/L	≤0.25	≥4**	≤2	≤2	≥2
黏度	聚乙二醇 20 000（PEG 20 000）	mg/ml	≤12.5	≤25**	≤12.5	≤100	≤50
	甘油	%（V/V）	≥20%	<5%	≤5%	≤20 %	≥20%
生物大分子	牛血清白蛋白（BSA）	mg/ml	≤100	≤200**	≤100	≥400	≥400
	干酪素	mg/ml	≤5	≥80**	≤40	≥80	≥80

**表示 UPT-POCT 在此耐受限处的灵敏度提升一个数量级

（三）现场样品的评价

采用粉末和动物脏器对 UPT-POCT 检测自然疫源地的细菌性生物恐怖剂的能力进行评价[21,22,30]（表 14-3），以及采用各种食品和粮食对 UPT-POCT 在相思子毒素和黄曲霉毒素 B1 检测中的能力进行评价[28,31]（表 14-4），均显示出 UPT-POCT 对样品的超强耐受能力，其对模拟样品的耐受限最高可达 400 mg/ml。

表 14-3 UPT-POCT 在 5 种细菌性生物恐怖剂检测中对模拟样品的耐受限 （mg/ml）

模拟样品		检测靶标				
		炭疽芽孢[30]	布鲁氏菌[30]	鼠疫菌[30]	类鼻疽伯克霍尔德菌[22]	土拉菌[21]
粉末	面粉	≤100	≥200	≤50	≥400	≥200
	果珍	≤100	≤50**	≤50	≥400	≥200
	味精	≥400	≥400**	≤50	≤200	≥200
	奶粉	≤25	≤200**	≥400	≥400	≤50
	腻子粉	≥200	≥200**	≤50	≤200	≥200
	土壤	≥400	≥400**	≥400	≤200**	≤100
	蔗糖	≤100	≥400**	≥400	≤200	≥200
脏器（小鼠）	新鲜心脏	≥800	≥800	≥800	≥400	≥400
	新鲜肝脏	≤50	≤200**	≤50	≥400**	≥400
	新鲜肺脏	≤400	≥800	≤100	≥400	≥400
	新鲜脾脏	≤200	≥400	≤100	≥400**	≥400
	腐败心脏	≤100	≥400**	≤100	≥400	≥400
	腐败肝脏	≤50	≤100**	≤200	≥400	≥400
	腐败肺脏	≤100	≤200**	≤200	≥400	≥400
	腐败脾脏	≤100	≤100**	≤100	≥400**	≥400

**表示 UPT-POCT 在此耐受限处的灵敏度上升一个数量级

表 14-4　UPT-POCT 在对相思子毒素和黄曲霉毒素 B1 检测中对模拟样品的耐受限

相思子毒素[31]		黄曲霉毒素 B1[28]	
模拟样品	耐受限（检测限）	模拟样品	耐受限（检测限）
饼干	30 mg/ml（3.33 ng/g）	花生	300 mg/ml（0.1 ng/g）
黄豆	50 mg/ml（2 ng/g）	红花	200 mg/ml（0.15 ng/g）
香肠	200 mg/ml（0.5 ng/g）	菜豆	200 mg/ml（0.15 ng/g）
腰果	100 mg/ml（1 ng/g）	赤小豆	200 mg/ml（0.15 ng/g）
奶粉	80 mg/ml（1.25 ng/g）	大米	200 mg/ml（0.15 ng/g）
面粉	40 mg/ml（2.5 ng/g）	大麦	200 mg/ml（0.15 ng/g）
蔗糖	10 mg/ml（10 ng/g）	绿豆	200 mg/ml（0.15 ng/g）
味精	12.5 mg/ml（8 ng/g）	玉米	100 mg/ml（0.30 ng/g）
水	2.5∶5（0.3 ng/ml）	红豆	100 mg/ml（0.30 ng/g）
软饮料	2∶5（0.35 ng/ml）	黄豆	100 mg/ml（0.30 ng/g）
果汁	2∶5（0.35 ng/ml）	黑米	50 mg/ml（0.60 ng/g）
啤酒	1.5∶5（0.43 ng/ml）	高粱	50 mg/ml（0.60 ng/g）
—	—	燕麦	50 mg/ml（0.60 ng/g）
—	—	糙米	100 mg/ml（5 ng/g）
—	—	薏仁米	200 mg/ml（2.5 ng/g）

注：—表示此处无内容

在霍乱检测项目中，UPT-POCT 对 102 份在采样点采取的现场水样检测中显示出较好的检测效果，其灵敏性明显优于分离培养法和胶体金检测方法，在和荧光定量 PCR 的灵敏性持平的基础上减少了假阳性结果[23]。

所有的样品均通过简单研磨后进行检测，或研磨后振荡 15 min（或超声 10 min）提取上清进行检测。简单处理后的样品仅需与样品处理液混合后即可上样，整个样品制备过程小于 30 min。UPT-POCT 对样品的这种高度耐受性来源于 UCNP 的物理稳定性和发光稳定性、UCNP 与抗体的共价牢固结合和 UPT-POCT 系统的高度缓冲能力。

第四节　应 用 情 况

一、现有的检测方法

生物恐怖剂常见的检测方法分为分离培养或动物接种鉴定、生物化学检测、核酸检测、免疫检测等几类。

（一）分离培养或动物接种鉴定法

1. 常见的分离培养或动物接种鉴定法

微生物类生物恐怖剂可以通过分离培养或动物接种法进行鉴定，而毒素类生物恐怖剂也可通过注射动物进行鉴定。选择性培养和对易感动物接种后对动物进行剖检都是常见的实验方法。各种生物恐怖剂的分离培养方法不尽相同，具体如下。①细菌可以通过选择性培养基进行筛选鉴定，如碱性蛋白胨水是霍乱弧菌的选择性培养基，而其培养后的鼠疫菌可以通过特异性的噬菌体裂解进行识别。②病毒必须在活细胞内才能生存，利用细胞培养病毒是当前的主要方法。病毒感染细胞后大多能引起细胞病变，可以直接通过显微镜观察；不能直接观测的，可以通过组织培养液 pH 的变化、红细胞吸附、血凝等现象进行观测。活鸡胚培养也是常用的培养方法之一（如流感病毒）。但有一些病毒的培养方法仍以动物接种法为最佳方法，如小白鼠接种为狂犬病毒最好的培养方法。③立克次体类生物恐怖剂主要是通过豚鼠接种和鸡胚培养分离。④毒素类生物恐怖剂主要通过对敏感动物或组织细胞进行喂食或注射毒素，根据致死性或动物相应的反应来推测毒素的种类。例如，金黄色葡萄球菌肠毒素可以造成动物呕吐、腹泻等症状。不同毒素鉴定所选用的敏感动物不尽相同，如小鼠和猫分别是肉毒毒素和金黄色葡萄球菌肠毒素的敏感动物。

2. 分离培养法或动物实验的优缺点

分离培养法可直接对病原体进行分离并鉴定，是最基本的检测方法，更是细菌类生物恐怖剂的检测金标准。但是必须在生物安全设备设施完善且有专业资质的机构中并由专业人员操作的前提下，分离培养法才能被用来进行生物恐怖剂的检测，否则很容易因操作或防护不当而加重生物恐怖剂的传播，所以其通常不作为 POCT 方法进行应用。

分离培养法的灵敏度比较低，因此该法常与其他方法联用以提高检测结果的准确性。利用噬菌体与宿主菌之间的高度特异性，噬菌体试验和分离培养法联用可以提高检测的特异性，如诊断鼠疫所用的鼠疫噬菌体试验[32]方法就是将可疑菌落培养后在 18～20℃滴加噬菌体，在菌落中出现噬菌斑则判断为鼠疫菌。由于毒素种类繁多，且动物的个体差异也比较大，因此，使用动物实验检测毒素的灵敏性和特异性均较差。

（二）生物化学检测技术

生物化学检测是依据微生物或毒素自身性质或微生物的代谢特征（如产酸产碱特性）而进行的检测，通常都是同时对多个生物化学指标系统地进行测定，如中华人民共和国行业标准《霍乱诊断标准》（WS 289—2008）中规定的霍乱的系统生化鉴定。因为生物之间的很多特性相同，所以生物化学检测比较烦琐，且特异性和灵敏性都欠佳。

（三）核酸检测技术

核酸检测是基于 DNA 在体外可复制的原理实现的。

1. 聚合酶链式反应（polymerase chain reaction，PCR）检测技术

PCR 技术是迄今为止相对比较成熟的实验室检测技术。PCR 技术模仿 DNA 天然复制过程：模板 DNA 经 95℃高温加热变性后形成单链，其在 55℃左右的退火温度下可与序列互补的引物配对结合，随后在 *Taq* DNA 聚合酶和 dNTP 的存在下引物得以延伸，最后可以合成一条与模板 DNA 互补的新链；而所有的 DNA 双链又可以作为下个循环的模板，如此经过数十个循环后，目的基因可扩增放大近百万倍。普通 PCR 的反应产物可以通过 DNA 电泳鉴定，而实时荧光定量 PCR 的扩增过程可通过仪器实时监测荧光信号来观察。除以 DNA 为靶标外，RNA 也能作为扩增靶标，这主要由反转录 PCR（reverse transcriptional PCR，RT-PCR）方法实现。

（1）常见的 PCR 检测方法

目前 PCR 检测鼠疫的靶基因主要有：编码 F1 抗原的 *caf1* 基因，鼠毒素 *ymt* 基因，血浆酶原激活因子 *pla* 基因，与色素沉着相关的 *hms* 基因，染色体上的特异片段（3a 片段）等[33]。其中 3a 片段由于位于染色体上而克服了 *pla* 和 *caf1* 等基因位于质粒上易于丢失的缺点，是常用的鼠疫 PCR 检测靶标。用于检测土拉菌的靶基因包括外膜蛋白 *fopA* 基因（AY579741）和染色体编码基因——醇醛酮还原酶基因（*akr* 基因，AM286280，959 924～960 988 位）。炭疽菌的两个特异性毒性质粒，即 pXO1 质粒（*cya*、*lef*、*pagA* 等基因）和 pXO2 质粒（*capA*、*capB* 和 *capC* 基因），常用于炭疽菌的种属鉴定[34]；但是质粒缺失或质粒交换会导致检测的不准确性，所以针对炭疽菌的主基因序列（如 GS 序列）对炭疽菌进行 PCR 检测可以提高检测可靠性。

（2）PCR 检测的优缺点

PCR 扩增具有其他方法都无法比拟的高灵敏性，但方法所用的相对较昂贵的仪器、对样品处理的高度依赖（需要提取靶标 DNA，对复杂样品来说尤为困难）、相对专业的操作和较高的假阳性率是阻碍其成为 POCT 的主要因素。对于生物恐怖剂来说，提取靶标 DNA 需要专业的生物安全设备（即使在专业实验室中操作

也必须严防对人员和仪器的感染或污染），这成为 PCR 很难成为生物恐怖剂 POCT 检测方法的最主要原因。目前已经存在的将样品处理、扩增和结果分析整合在一个密闭体系的 FilmArray 仪器[35]，展示了在现场应用 PCR 检测生物恐怖剂的较为乐观的前景，但是常规监测和生物恐怖事件中对各种复杂样品中的靶标进行 DNA 提取的复杂性，仍是现场应用 PCR 的主要限制性因素。

2. 环介导等温扩增（loop-mediated isothermal amplification，LAMP）**检测技术**

LAMP 技术是由日本学者 Notomi 发明的，其特征是在一个固定的温度下与模板互补的 DNA 通过链置换反应与碱基配对延伸即可完成核酸扩增。依靠针对目标 DNA 上的 6 个区段设计的 4 个不同的引物，该检测只需将基因模板、引物、链置换型 DNA 合成酶、基质等混合并置于恒温箱中即可完成。在 DNA 合成时，从脱氧核糖核酸三磷酸底物（dNTP）中析出的焦磷酸离子与溶液中的镁离子反应产生大量的白色沉淀，可作为检测结果的判断标准。目前 LAMP 技术已经实现了针对鼠疫菌[36]和炭疽杆菌[37]等生物恐怖剂的检测。

该技术只需要一个水浴锅或恒温箱就能实现，通过肉眼观察白色混浊或荧光的生成来判断检测结果，简便快捷，适合现场快速诊断。但由于较长的靶序列（大于 500 bp）很难通过链置换反应合成得以扩增，所以 LAMP 技术不能检测长链 DNA；由于属于扩增反应，所以 LAMP 同 PCR 检测方法一样也极易受到污染而产生假阳性结果。

（四）免疫检测方法

免疫检测方法是基于抗原抗体反应的方法，如酶联免疫吸附测定（enzyme linked immunosorbent assay，ELISA）方法、免疫层析、免疫扩散和免疫沉淀等。免疫扩散和免疫沉淀均属于 20 世纪中期的检测方法，因较差的灵敏性现已不常用。ELISA 方法是目前使用最广泛的实验室检测方法，因涉及酶对检测信号的级联放大效应和较多的清洗步骤，所以 ELISA 具有良好的灵敏性和特异性，但是清洗步骤的增加，大大增加了操作的复杂性，容易造成较大的操作误差，也增加了生物恐怖剂扩散的可能性。免疫层析技术已在第二节生物反恐和安全领域检测项目的需求部分阐明。

二、UPT-POCT 的优点和应用领域

（一）应用领域

1. 检测项目

目前 UPT-POCT 检测生物恐怖剂的项目已覆盖了细菌、病毒和毒素等方面。

应用于细菌类生物恐怖剂的检测包括针对鼠疫菌、布鲁氏菌、炭疽芽孢、土拉菌、类鼻疽伯克霍尔德菌、霍乱弧菌、肠出血性大肠埃希菌 O157:H7 和抗鼠疫菌抗体等的检测；应用于病毒的检测包括针对抗肝炎病毒抗体的检测；应用于毒素类生物恐怖剂的检测包括针对蓖麻毒素、相思子毒素、黄曲霉毒素 B1、黄曲霉毒素 M1 和 T-2 毒素等的检测。

2. 应用部门

目前 UPT-POCT 系统已经装备于各级疾病预防控制中心和出入境检验检疫机构，为北京奥运会、上海世博会和广州亚运会等大型活动提供了生物安全方面的技术保障。2011 年 UPT-POCT 作为移动式生物快速侦检仪，纳入了《城市消防站建设标准》（建标 152-2011，中华人民共和国住房和城乡建设部、中华人民共和国国家发展和改革委员会）。

（二）UPT-POCT 在生物反恐和安全领域中应用的优点

UPT-POCT 整合了免疫层析、上转换发光和便携式生物传感器的所有优点，非常适用于作为 POCT 技术实现对生物恐怖剂的现场检测，UPT-POCT 主要具备以下优点。

1. 结果可靠

鉴于生物恐怖剂极低的致病剂量和高度的社会危害性，尤其是微生物类生物恐怖剂的高度传染性，检测的灵敏性和可靠性对生物恐怖剂的防控尤为重要。与分离培养、传统生化检测、胶体金检测和 LAMP 方法相比，综合免疫层析、上转换发光和生物传感器于一体的 UPT-POCT 实现了更灵敏的定量检测，其检测性能甚至可以和实时荧光定量 PCR 相媲美[23]。首先，免疫识别是基于高效的抗原抗体分子识别模式，这种识别是高度灵敏和特异的；其次，由于上转换发光的 UCNP 由红外光激发并发射可见光，因此检测结果有效避免了来自生物样品本底荧光的干扰，这种针对检测信号进行的灵敏特异的剥离方式是其他基于发光方法的检测方法所不能比拟的；最后，生物传感技术可以使信号得以有效抽提和定量，这比基于裸眼观察的传统胶体金技术更能识别微弱的阳性信号。

2. 样品耐受性强

在生物反恐和安全领域的检测中需要面对的样品类型繁多（如肉类、腐败脏器、面粉等），所以很多检测方法都需要在检测前实行非常复杂的样品前处理才能保证检测的灵敏特异性，如分离培养法需要反复筛选鉴定，而传统生化检测结果更易受到样品复杂成分的影响。复杂样品甚至对实验室检测方法来说都是严峻的考验，如从复杂样品中提取 DNA 的效率会严重影响 PCR 方法的检出率。而在多个项目针对多种样品的检测中，UPT-POCT 都对复杂样品显示出超强的耐受性，如在简单研磨后进行检测，或研磨后振荡（或超声）离心取上清进行检测，其检测结果均不受影响。这一强大性能主要来源于 UCNP 自身的物理稳定性、发光稳定性和上转换发光性质、UCNP 与抗体牢固共价结合和检测系统较好的缓冲能力。

3. 安全性高

分离培养的反复增殖、ELISA 的反复清洗、PCR 的复杂样品处理步骤和传统生化的多个测试，都是造成生物安全问题的重大隐患，这在检测过程中对生物恐怖剂的防控是不利的。UPT-POCT 对样品的高度耐受性使其对样品处理过程的要求较少，加之简单的混样上样模式和简便的针对已用试纸的高压灭菌模式，极大地减少了操作人员因对生物恐怖剂的反复复杂操作而引起的人身安全隐患，同时也有利于降低生物恐怖剂扩散的可能性。

4. 耗时少

较少的检测耗时为在长期防控监测中迅速应对突发疫情和在突发公共事件中迅速妥善处置提供了重要保证。UPT-POCT 的整个检测过程只需要 15 min，这一优势来自免疫层析检测模式。另外，只经过简单处理的复杂样品也可直接上样检测，这也成为 UPT-POCT 省时的重要原因。同样要做到定量检测，核酸检测需要在样品 DNA 的提取上花费较多时间，所以其在耗时方面完全无法与 UPT-POCT 相比拟。

5. 便携

便携性是许多实验室检测方法无法实现现场检测的重大阻碍，如 PCR 仪器不仅昂贵且难以携带。UPT-POCT 的便携性来自试纸和仪器两个方面：密封包装的试纸小巧易携带；其特有的生物传感器属于便携式仪器，体积较小，既可以插电源工作，也可以用电池维持工作。

6. 操作简便

因为 UPT-POCT 综合了免疫层析检测的操作简便性和其独有的样品处理简便性，这使得非专业人员可以轻松掌握并实施操作，且能达到专业的检测效果，为长期监测和突发公共事件中出现的疫情在第一时间得到专业处理提供了可靠保障。

致　谢

感谢军事科学院军事医学研究院微生物流行病研究所王津老师，以及覃祥秀、张丽丽、李建华、王艳等所有单抗组成员为 UPT-POCT 生物反恐项目提供的优质单抗。感谢军事科学院军事医学研究院微生物流行病研究所的杨瑞馥老师和周蕾老师、中国科学院上海光学精密机械研究所黄惠杰老师和黄立华老师、上海科润光电技术有限公司郑岩老师在 UPT 项目的颗粒修饰和试剂研发、传感器研制、颗粒制备方面做出的开创性的研究，感谢北京热景生物技术股份有限公司林长青董事长对 UPT-POCT 的临床试剂研发和产业化的推进。感谢国家高技术研究发展计划（863 计划）（No. 2013AA032205）、"艾滋病和病毒性肝炎等重大传染病防治"国家科技重大专项（No. 2011ZX10004、No. 2012ZX10004801）、北京市科技新星计划项目（No. Z151100000315086）、国家自然科学基金（No. 81000774）、卫生部食品安全风险评估重点实验室开放课题基金（No. 2015K03）对本项目的支持！

参 考 文 献

[1] Porche D J. Biological and chemical bioterrorism agents. J Assoc Nurses AIDS Care, 2002, 13(5): 57-64.

[2] Gouvras G. The far-reaching impact of bioterrorism. What the European Union is doing regarding deliberate releases of biological/chemical agents based on the events in the United States. IEEE Eng Med Biol Mag, 2002, 21(5): 112-115.

[3] Prentice M B, Rahalison L. Plague. Lancet, 2007, 369(9568): 1196-1207.

[4] 王景林. 生物毒素战剂：检测识别分子与防治药物. 军事医学, 2011, 35: 561-565.

[5] Begier E M, Asiki G, Anywaine Z, et al. Pneumonic plague cluster, Uganda, 2004. Emerg Infect Dis, 2006, 12(3): 460-467.

[6] Agar S L, Sha J, Foltz S M, et al. Characterization of the rat pneumonic plague model: infection kinetics following aerosolization of *Yersinia pestis* CO92. Microbes Infect, 2009, 11(2): 205-214.

[7] Estill C F. Recovery efficiency and limit of detection of aerosolized *Bacillus anthracis* Sterne from environmental surface samples. Applied and Environmental Microbiology, 2009, 75: 4297-4306.

[8] Finelli L, Swerdlow D, Mertz K, et al. Outbreak of cholera associated with crab brought from an area with epidemic disease. J Infect Dis, 1992, 166(6): 1433-1435.

[9] Hill V R, Cohen N, Kahler A M, et al. Toxigenic *Vibrio cholerae* O1 in water and seafood, Haiti. Emerg Infect Dis, 2011, 17(11): 2147-2150.

[10] Chitadze N, Kuchuloria T, Clark D V, et al. Water-borne outbreak of oropharyngeal and glandular tularemia in Georgia: investigation and follow-up. Infection, 2009, 37(6): 514-521.

[11] Lukaszewski R A, Kenny D J, Taylor R, et al. Pathogenesis of *Yersinia pestis* infection in BALB/c mice: effects on host macrophages and neutrophils. Infect Immun, 2005, 73(11):

7142-7150.

[12] Simsek H, Taner M, Karadenizli A, et al. Identification of *Francisella tularensis* by both culture and real-time TaqMan PCR methods from environmental water specimens in outbreak areas where tularemia cases were not previously reported. Eur J Clin Microbiol Infect Dis, 2012, 31(9): 2353-2357.

[13] Stralin K, Eliasson H, Back E. An outbreak of primary pneumonic tularemia. N Engl J Med, 2002, 346(13): 1027-1029.

[14] Srivastava R, Khan A A, Srivastava B S. Immunological detection of cloned antigenic genes of *Vibrio cholerae* in *Escherichia coli*. Gene, 1985, 40(2-3): 267-272.

[15] 杨瑞馥. 防生物危害医学. 北京: 军事医学科学出版社, 2008.

[16] Huq A, Colwell R R, Chowdhury M A, et al. Coexistence of *Vibrio cholerae* O1 and O139 Bengal in plankton in Bangladesh. Lancet, 1995, 345(8959): 1249.

[17] Draper A D, Mayo M, Harrington G, et al. Association of the melioidosis agent *Burkholderia pseudomallei* with water parameters in rural water supplies in Northern Australia. Appl Environ Microbiol, 2010, 76(15): 5305-5307.

[18] Yan Z, Zhou L, Zhao Y, et al. Rapid quantitative detection of *Yersinia pestis* by lateral-flow immunoassay and up-converting phosphor technology-based biosensor. Sens Actuators B Chem, 2006, 119(2): 656-663.

[19] Qu Q, Zhu Z, Wang Y, et al. Rapid and quantitative detection of *Brucella* by up-converting phosphor technology-based lateral-flow assay. J Microbiol Methods, 2009, 79(1): 121-123.

[20] 李伟, 周蕾, 王静, 等. 应用上转磷光免疫层析技术快速定量检测炭疽芽孢. 中华微生物学和免疫学杂志, 2006, 26: 761-764.

[21] Hua F, Zhang P, Zhang F, et al. Development and evaluation of an up-converting phosphor technology-based lateral flow assay for rapid detection of *Francisella tularensis*. Sci Rep, 2015, 5: 17178.

[22] 华菲, 张平平, 王晓英, 等. 基于上转发光免疫层析技术快速定量检测类鼻疽伯克霍尔德菌方法的建立. 中华预防医学杂志, 2015, 49: 166-171.

[23] Hao M, Zhang P, Li B, et al. Development and evaluation of an up-converting phosphor technology-based lateral flow assay for the rapid, simultaneous detection of *Vibrio cholerae* serogroups O1 and O139. PLoS ONE, 2017, 12(6): e0179937.

[24] 王静, 周蕾, 李伟, 等. 上转磷光免疫层析检测肠出血性大肠杆菌 O157. 中国食品卫生杂志, 2007, 19: 41-44.

[25] 王晓晨, 周蕾, 孙崇云, 等. 蓖麻毒素单抗制备及上转发光免疫层析定量检测方法研究. 军事医学, 2016, 40: 676-679.

[26] Hong W, Huang L, Wang H, et al. Development of an up-converting phosphor technology-based 10-channel lateral flow assay for profiling antibodies against *Yersinia pestis*. J Microbiol

Methods, 2010, 83(2): 133-140.

[27] Li L, Zhou L, Yu Y, et al. Development of up-converting phosphor technology-based lateral-flow assay for rapidly quantitative detection of hepatitis B surface antibody. Diagn Microbiol Infect Dis, 2009, 63(2): 165-172.

[28] Zhao Y, Liu X, Wang X, et al. Development and evaluation of an up-converting phosphor technology-based lateral flow assay for rapid and quantitative detection of aflatoxin B1 in crops. Talanta, 2016, 161: 297-303.

[29] 刘晓, 王立平, 周蕾, 等. 基于上转发光技术的奶粉及牛奶中黄曲霉毒素 M1 快速定量检测方法研究. 军事医学, 2014, (11): 850-854.

[30] Zhang P, Liu X, Wang C, et al. Evaluation of up-converting phosphor technology-based lateral flow strips for rapid detection of *Bacillus anthracis* Spore, *Brucella* spp., and *Yersinia pestis*. PLoS ONE, 2014, 9(8): e105305.

[31] Liu X, Zhao Y, Sun C, et al. Rapid detection of abrin in foods with an up-converting phosphor technology-based lateral flow assay. Sci Rep, 2016, 6: 34926.

[32] Zhao X, Cui Y, Yan Y, et al. Outer membrane proteins ail and OmpF of *Yersinia pestis* are involved in the adsorption of T7-related bacteriophage Yep-phi. J Virol, 2013, 87(22): 12260-12269.

[33] Qu S, Shi Q, Zhou L, et al. Ambient stable quantitative PCR reagents for the detection of *Yersinia pestis*. PLoS Negl Trop Dis, 2010, 4(3): e629.

[34] Koehler T M. *Bacillus anthracis* physiology and genetics. Mol Aspects Med, 2009, 30(6): 386-396.

[35] Seiner D R, Colburn H A, Baird C, et al. Evaluation of the FilmArray (R) system for detection of *Bacillus anthracis*, *Francisella tularensis* and *Yersinia pestis*. J Appl Microbiol, 2013, 114(4): 992-1000.

[36] Feng N, Zhou Y, Fan Y, et al. *Yersinia pestis* detection by loop-mediated isothermal amplification combined with magnetic bead capture of DNA. Braz J Microbiol, 2017, 49(1): 128-137.

[37] Qiao Y, Guo Y, Zhang X, et al. Loop-mediated isothermal amplification for rapid detection of *Bacillus anthracis* spores. Biotechnol Lett, 2007, 29(12): 1939-1946.

第十五章 上转换发光纳米材料在成像和治疗领域的应用

赵 勇[1] 肖瑞峰[2]

近年来，上转换发光纳米颗粒（up-converting phosphor nanoparticle，UCNP）由于具有优良的光学性质和物理性质，在生物医学应用领域取得了快速发展。与传统荧光材料相比，UCNP 激发光光学稳定性好，组织穿透能力强，而且无生物本底自发荧光干扰，能够大大降低背景信号干扰，具有很高的生物成像灵敏度，因此常被用于进行深层组织的荧光成像以及肿瘤细胞的靶向成像。另外，以 UCNP 为基础的上转换发光成像与磁共振成像、计算机断层扫描术（computer tomography，CT）等其他模态成像技术相结合的多模态成像技术已经取得了很大发展，并在生物成像中具有重要的应用价值。除应用于生物成像，UCNP 还能与其他各种功能材料进行结构和功能上的耦合从而实现更加多元的生物医学应用。例如，研究者将 UCNP 与光敏剂相结合构建了一种可控的光动力学治疗纳米材料，该材料在近红外光激发下可产生单线态氧杀死肿瘤细胞。本章将主要阐述 UCNP 在生物成像和治疗领域内的最新应用研究进展，并对该材料相对于传统荧光材料的优势，以及其在这些应用中仍然存在的一些需要解决的问题与其未来发展趋势进行展望。

第一节 UCNP 在生物成像领域内的应用

在生物医学研究中，荧光探针在探究生命活动的过程中发挥着至关重要的作用。目前使用的荧光探针主要有三类：有机荧光染料、量子点和 UCNP，其中有机荧光染料使用较为广泛，但是其光稳定性较差，长时间光照下发射光会发生显著衰减，不适合于生物体内持续监测；半导体量子点虽然光稳定性好、发射谱带较窄、量子产率高、发光可调，但其构成包含重金属元素，存在潜在的生物毒性，限制了其在生物领域的应用。此外，有机荧光染料和量子点在发光性质上均属于下转换发光，一般需要紫外光和可见光进行激发，而生物组织对紫外光、可见光

---

1 赵　勇　军事科学院军事医学研究院微生物流行病研究所，生物应急与临床 POCT 北京市重点实验室

2 肖瑞峰　生物应急与临床 POCT 北京市重点实验室，北京热景生物技术股份有限公司

均有吸收，而且自发荧光也会对探针信号产生干扰。与上述荧光材料相比，UCNP具有很多特殊的优点，如高的化学稳定性、优异的光稳定性、窄带隙发射，另外在近红外激光激发下具有较强的组织穿透能力、无背景荧光的干扰。因而，UCNP作为一类新兴的荧光探针，受到了研究者的极大青睐，其在以下领域极具研究与应用价值。

一、体内深层组织的荧光成像

上转换发光成像的激发光源（980 nm）在生物组织中有很强的穿透能力，而且不会引起生物本体自发荧光干扰，因此具有很高的成像灵敏度。2006 年，Lim等[1]首次将 UCNP 材料（Y_2O_3:Yb/Er，粒径 50～150 nm）应用于线虫的活体成像分析，在 980 nm 激光激发下，可以清晰观察到 UCNP 在线虫体内的分布情况。此外，聚丙烯酸（PAA）修饰的上转换纳米颗粒（PAA-$NaLuF_4$:Yb,Tm）也被报道作为荧光探针用于正常黑鼠和兔的体内荧光成像，均获得了较高对比度的荧光图像[2]。随着纳米材料制备与修饰技术的完善，UCNP 在细胞水平成像方面的应用也得到了进一步的发展。新加坡国立大学 Jalil 和 Zhang[3]合成了硅包覆的 UCNP用于细胞成像，并将 UCNP 经尾静脉注射到小鼠体内，随后在小鼠的耳血管中发现有上转换发光信号。另有研究发现，聚乙二醇（PEG）修饰的 UCNP 也可实现小鼠的血管成像和淋巴循环成像。Nyk 等[4]将制备得到的 $NaYF_4$:Yb,Tm 材料（粒径 20～30 nm）经尾静脉注射到实验小鼠体内，在近红外光激发下发现 UCNP 主要富集在肝脏等部位，其光穿透深度可达 20 mm，而且具有很高的信噪比，由此证明了 UCNP 材料在生物成像上的优势。

二、肿瘤细胞靶向成像

肿瘤细胞的靶向成像在肿瘤的诊断和预后中起着非常重要的作用。由于UCNP 材料独特的光学性质，研究人员开展了大量工作将 UCNP 应用在肿瘤细胞的主动靶向成像中。2009 年，Li 课题组[5,6]首次实现了基于 UCNP 材料的肿瘤靶向成像，他们将表面氨基化的 UCNP（$NaYF_4$:Yb,Er）与叶酸（folic acid，FA）分子连接，然后将 UCNP-FA 偶联物分别与叶酸受体（FR）阳性（+）表达的宫颈癌HeLa 细胞和叶酸受体（FR）阴性（−）表达的对照细胞在培养液中共同孵育；在980 nm 激发光连续激发下，观察到 FR（+）HeLa 细胞区域存在明显的上转换发光信号，而对照细胞并未发现有此信号。随后，他们将 UCNP-FA 和未偶联叶酸的 UCNP 分别通过尾静脉注射到携带有 HeLa 细胞的裸鼠活体内，24 h 后观察到注射了 UCNP-FA 的小鼠其肿瘤部位有明显的上转换荧光信号，而对照组实验中并无荧光现象，该结果说明 UCNP-FA 能够对小鼠活体内 HeLa 细胞进行精确的靶向定位成像。

在另一项工作中[7]，Li 课题组还将 RGD 肽连接到 UCNP 表面，RGD 肽与 U87MG肿瘤细胞细胞膜上的αvβ3整合素受体有很高的亲和力，由此实现了UCNP 作为荧光探针用于无胸腺裸鼠活体内 U87MG 肿瘤细胞的靶向成像（图 15-1），而 且组织切片成像数据及感兴趣区（region of interest，ROI）分析结果显示，UCNP 对肿瘤部位的成像具有非常高的信噪比和成像深度，获得的上转换发光信号和背 景信号之间的信噪比高达 24。另外，研究人员还将神经毒素连接到 UCNP 表面， 基于神经毒素对多种肿瘤细胞具有高亲和力这一性质，实现了 UCNP 对肿瘤细胞 的靶向成像[8]，这些工作显示了 UCNP 材料可以作为分子探针用于肿瘤细胞的靶 向成像，为肿瘤的诊断和治愈提供了一种新的有力工具。

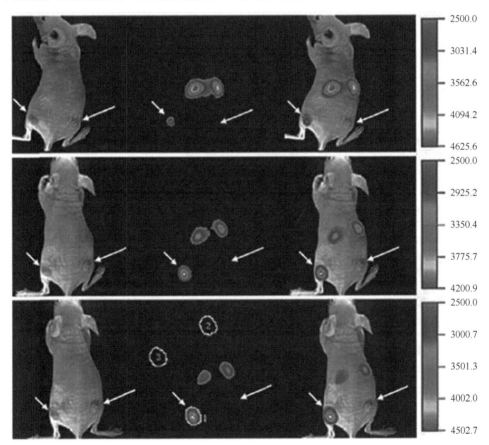

图 15-1　U87MG 肿瘤细胞靶向上转换荧光成像[7]（彩图请扫封底二维码）

右侧柱图中的不同颜色代表不同强度范围的上转换荧光

三、多模态成像

目前临床上常用的成像技术包括磁共振成像（magnetic resonance imaging，

MRI）、计算机断层扫描术（computer tomography，CT）、正电子发射断层成像（positron emission tomography，PET）和单光子发射计算机断层成像（singlephoton emission computed tomography，SPECT）等多种模态成像技术（图 15-2）。单模态成像技术通常只能反映生物体内单一的信息，因此，为了获得更多的生物体内相关信息，多模态成像技术应运而生。多模态成像结合了几种不同的成像模式，克服了每个单一成像方法的局限性。近年来，以 UCNP 为基础的多模态成像技术在生物医学成像领域受到了极大关注，并得到了快速发展。例如，将上转换发光（upconversion luminescence，UCL）与 MRI 相结合构建双模态成像探针，并探究其在生物医学领域内的应用，成为当前的研究热点之一[9,10]。MRI 技术已经应用于临床试验多年，具有很高的 3D 空间分辨率，但不足的是其成像灵敏度较低；而 UCL 虽然成像灵敏度高，但空间分辨率低，所以如果将磁性材料和荧光标记材料结合形成复合材料，两种材料的成像优势就会互补，进而改善和提高生物成像效果。

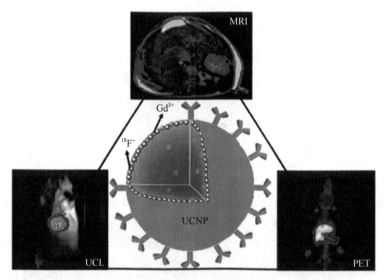

图 15-2 基于 UCNP 的多模态成像示意图[11]（彩图请扫封底二维码）

钆离子（Gd^{3+}）作为一种造影剂被广泛地用于磁共振成像，Park 等[12]通过将稀土元素掺杂进含有 Gd^{3+} 的主体基质中，使得 UCNP 同时具有了上转换发光成像和磁共振成像的能力，并首次使用 UCNP 材料（NaGdF$_4$:Yb/Er）实现了对乳腺癌细胞（SK-BR3）的双模态成像。另外，一些将上转换发光成像和 SPECT 相结合的双模态成像技术也已有报道，SPECT 在临床诊断中常用 ^{18}F 作为放射性同位素标记物，由于常用的 UCNP 的组成中含有 F 元素，所以可以在合成上转换纳米颗粒时将 F 元素换成带有放射性的同位素 ^{18}F 来实现 UCL/SPECT 双模成像。Sun 等[13]利用含有 ^{18}F 的 UCNP 实现了小鼠全身 UCL/SPECT 双模成像，该技术在小鼠体内可以获得兼具高灵敏度、高空间分辨率和较强激发光组织穿透深度的高质量成像效果。另外，UCL/PET/MRI 或者 UCL/CT/MRI 三模态成像也受到研究人员越来越多的关注[14-16]，将多种成像技术结合可以实现从细胞到活体超灵敏、多层面的分子成像，不仅可以提高成像的清晰度，还可以提高诊断效率。

第二节　UCNP 在疾病治疗领域内的应用

UCNP 也可以应用于疾病治疗领域，如 UCNP 可以利用表面包裹的介孔结构或者表面功能分子作为载体来携带和输送小分子药物与基因，也可以利用其光学特性和光热转换性质来进行光动力学治疗与光热治疗。本节主要介绍 UCNP 在作为药物和基因载体方面的发展现状，并总结其在光动力学治疗和光热治疗领域中的应用。

一、药物和基因输送

近年来，将 UCNP 作为药物载体进行药物输送的相关研究已有许多报道。其中一种方式是将 UCNP 表面包裹上带有介孔结构的二氧化硅，利用介孔结构来装载纳米药物。例如，Tian 等[17]制备出了带有介孔结构的 UCNP，并通过静电作用将布洛芬分子吸附到其中；但是，这种方式由于在 UCNP 表面包裹了一层二氧化硅，通常会增加纳米颗粒的尺寸。因此，可以利用 UCNP 表面功能分子与药物分子的相互作用来实现药物运输，从而避免增加纳米颗粒的尺寸。

苏州大学 Wang[18]将抗癌化疗药物阿霉素（DOX）通过静电作用吸附到表面 PEG 化的 UCNP 上，由于 DOX 在酸性条件下水溶性增强，而肿瘤细胞外组织、细胞内的溶酶体和核内体的微环境均是酸性的,因而 UCNP 到达肿瘤细胞附近时，携带的 DOX 释放量会显著增加，从而诱导癌细胞死亡。在此基础上，将叶酸分子与 DOX-UCNP 偶联，还可以实现针对癌细胞[叶酸受体阳性（＋）]的靶向药物释放，对临床癌症治疗具有重要的意义。另外，UCNP 也可用于基因的运输。Jayakumar[19]将可光解的质粒 DNA/siRNA 分子装载到介孔二氧化硅包覆的 UCNP 中，在近红外光激发下，UCNP 的上转换发光会刺激质粒 DNA 或者 siRNA 进行基因表达上调或者下调，从而可以有效地释放 DNA/siRNA 并控制其在活体细胞中的表达。

二、光动力疗法

光动力疗法（photodynamic therapy，PDT）是治疗癌细胞病变的一种新兴方法，其原理是将具有光激活性质的化学药物（光敏剂）运载至病变细胞周围，在激发光激发下，光敏剂能够将氧分子激发为单线态氧或者是活性氧自由基，进而诱导癌细胞凋亡，发挥光动力疗法效果（图 15-3）。传统光敏剂的激发光通常在可见光-近红外光波段，组织穿透能力有限，并不能很好地激发光敏剂产生治疗作用。将 UCNP 作为光敏剂载体应用于光动力疗法可有效解决这一问题，UCNP 采用的 980 nm 激发光具有更深的穿透深度，其发射光可直接作用于搭载的光敏剂，从而对深部病变组织具有更好的治疗效果；另外 UCNP 表面连接生物活性分子（如叶酸、抗体）后还可将光敏剂靶向输送到癌细胞，进而进行靶向治疗。Zhang 课题组[21,22]将光敏剂酞菁锌（ZnPc）负载于介孔 SiO$_2$ 包覆的 UCNP（NaYF$_4$:Yb, Er@silica）中构成了 PDT 治疗纳米探针，由于 ZnPc 的吸收峰（约为 670 nm）与 UCNP 的红色发射峰相重叠，所以在 980 nm 激发光照射下，光敏剂 ZnPc 能够吸收 UCNP 发出的红色发射光，并激发氧分子产生单线态氧杀死癌细胞；实验表明，将载有光敏剂 ZnPc 的 UCNP 与小鼠膀胱癌细胞（MB49）一起孵化后，在激发光照射 5 min 之后细胞活性即有明显降低。另外，Idris 等[23]将两种不同的光敏剂，即 ZnPc 和 MC540（部花青 540）同时装载于介孔 UCNP 中，实现了利用单一波长光源同时激发两种光敏剂的治疗方法，该方法能够产生更多的单线态氧，从而增强了癌症治疗效果，这进一步证明了 UCNP 在 PDT 领域的有效性。其他的光敏剂分子，如光敏剂二氢卟吩（Ce6）[20]、四苯基卟啉（TPP）[24]和（4-羧基苯基）卟吩（TCPP）[18]也有报道可装载到 UCNP 中作为光动力疗法药物。另外，在上述研究基础上，将叶酸或抗体分子连接到上转换纳米颗粒载体上，亦可以实现光敏剂的靶向治疗。

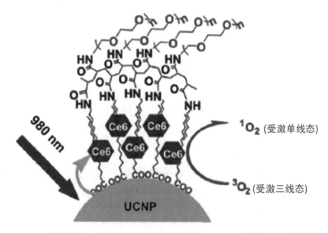

图 15-3　近红外光激发下 UCNP-Ce6 光动力疗法示意图[20]

三、光热治疗

UCNP 还可用于另一种癌症疗法——光热治疗（photothermal therapy，PTT）。光热治疗是指利用吸光材料在激发光（近红外光）照射下产生的热量来改变肿瘤细胞所处的环境温度，当达到一定温度时，可以诱发细胞内蛋白质的变性，破坏细胞膜，最终导致肿瘤细胞死亡。光热治疗方法具有很好的选择性和特异性，光热治疗试剂经过合理的设计可以实现针对肿瘤的靶向释放，而激发光对肿瘤的定点局部照射则可以实现进一步的治疗选择性。金（Au）纳米粒子作为光热治疗试剂已广泛用于 PTT 和光成像[25]，但是 Au 用于光成像时必须以可见光或者脉冲激光激发，而进行 PTT 时又需要近红外光激发，所以成像和治疗无法同时进行。将 UCNP 作为 Au 粒子载体并应用于光热治疗，不仅可以用来组织成像，还可以进行肿瘤细胞的靶向光热治疗，使得实时观察癌细胞在理疗过程中的生理状态成为可能。Cheng 等[26]制备出表面 PEG 修饰的 $NaYF_4:Yb/Er@Fe_3O_4@Au$ 纳米颗粒，不仅可应用于 UCL/MRI 双模成像，还可以进行 PTT 靶向治疗；动物实验结果显示，将该功能颗粒经静脉注射到荷瘤小鼠体内，不仅可得到肿瘤部位的成像信号，而且使用近红外光照射肿瘤时可以使肿瘤细胞发生热消融。Dong 等[27]制备出的核壳结构的 $NaYF_4:Yb,Er@Ag$ 荧光成像和 PTT 双功能纳米球，仅需 980 nm 激光一种光源就可以同时进行上转换荧光成像和 PTT 治疗，将该材料与人肝癌细胞（HepG2）一起培养，在 980 nm 近红外光照射 20 min 后，肿瘤细胞存活率由 65.1%下降至 4.6%，显示出了光热治疗方法的疗效。

第三节　UCNP 材料的潜在毒性

纳米生物技术在医学诊断与治疗方面具有潜在的应用价值，但是目前可应用于临床的纳米药物仍非常少，这主要是因为纳米材料的生物相容性、细胞毒性等尚无法完全确定。UCNP 作为一种较新的纳米诊疗材料，也面临着同样的问题。因此，系统评估 UCNP 在生物体系中的毒理特性以及代谢行为是进行生物医学应用的前提。

许多研究工作表明，修饰后的 UCNP 在细胞水平上基本没有明显的毒性[28,29]。例如，研究人员将一定浓度范围的 UCNP 与 HeLa 细胞经过共同孵育一段时间后，利用荧光成像技术研究单个 HeLa 细胞中 UCNP 的时空分布，发现 UCNP 能够在细胞内吞作用下进入细胞，并经由微管相关的马达蛋白质进行转运（动力蛋白），然后聚集在细胞核周围，再经由另一种类型的马达蛋白质（驱动蛋白）转运，最终大部分可从细胞中释放出来，并未产生明显的细胞毒性效应[30]。需要注意的是，上转换发光材料的主基质（$NaYF_4$）元素组成基本无毒或低毒，但在构建 UCL/MRI 双模成像探针时，用到的 Gd^{3+} 具有一定的毒性，必须以螯合物的形式或包覆的形式与 UCNP 偶联后再用于活体成像，$NaYF_4$ 具有较低的声子能量，不易发生递降分解，可有效控制 Gd^{3+} 的毒性释放。

许多研究报道，UCNP 材料的纳米毒性与其作用浓度以及表面修饰有着非常密切的关系。2006 年 Lim 等[1]首先报道了 UCNP 对于线虫的活体毒性，研究发现，只有当浓度高于 10 mg/ml 时才会对线虫产生明显的毒性。Zhang 课题组[3]将二氧化硅包裹的 UCNP（10 mg/kg）通过尾静脉注射到小鼠体内，24 h 后，UCNP 在肺中的含量迅速下降，同时其他组织中的含量也有所下降，而脾中含量最高；7天之后，发现只有少量材料留在小鼠体内，实验期间并没有观察到对小鼠产生明显的毒性。Prasad 课题组[4]将 PEG 修饰的 UCNP（20 mg/kg）通过尾静脉注射到小鼠体内，通过上转换荧光成像表明纳米材料主要在肝和脾中富集，也没有发现明显的毒性。为了进一步了解 UCNP 的长期毒性及其在活体内的代谢情况，Xiong等[31]将表面经聚丙烯酸（PAA）修饰的 $NaYF_4$:Yb,Tm 纳米颗粒（15 mg/kg）静脉注射到小鼠体内，并对其毒性进行了持续 115 d 的观察；实验观察期间，小鼠没有出现体重下降或其他异常现象，血生化分析和组织切片分析结果表明，PAA-UCNP 并没有对小鼠表现出明显的毒性；长期成像结果显示，UCNP 主要集中在小鼠肝和脾处，而且大部分会通过代谢过程缓慢排出体外，由此说明，UCNP可用于活体靶向成像和治疗研究。然而，现有研究报道并没有明确上转换纳米颗粒对细胞的慢性毒性，包括与干细胞、免疫细胞的相互作用，以及对机体产生的免疫学效应等，这些均需要进一步的深入研究。

UCNP 由于其特殊的物理化学性质在生物医学等方面有着广泛的应用价值。与传统的量子点或荧光染料相比，UCNP 没有背景荧光的干扰，组织穿透能力强，发光性质稳定，以及没有光漂白现象等。在过去的几年时间里，研究人员在 UCNP的合成制备、结构优化、表面修饰等方面展开了广泛的研究，并在生物成像、癌症治疗和生物安全性等方面展开了一系列的研究，但是仍然存在一些问题需要继续去研究与探索。第一，虽然 UCNP 的制备取得了相当多的成果，但如何获得尺寸分布均匀并且发光效率较高的 UCNP 仍是十分基础且关键的问题。第二，UCNP作为药物输送载体的研究目前还只在初级阶段，建立一个有效的、可靠的、以UCNP 为基础的智能药物输送系统还存在很多挑战，如载药能力的问题，药物的精准可控释放问题。第三，UCNP 在生物医学领域应用中的安全性问题，当前大多细胞毒性实验或急性毒性研究结果表明 UCNP 具有较低的生物毒性，但这些数据并没有表明 UCNP 的慢性毒性，仍需对 UCNP 毒性进行全面系统地研究。综上，上转换发光的研究还处于初级阶段，其基础理论和实际应用研究都将面临复杂挑战，这需要各学科领域的研究者紧密合作，共同攻克。随着这些问题的解决，UCNP在医学研究与应用领域将会发挥更重要的作用。

参 考 文 献

[1] Lim S F, Riehn R, Ryu W S, et al. *In vivo* and scanning electron microscopy imaging of up-converting nanophosphors in *Caenorhabditis elegans*. Nano Letters, 2006, 6(2): 169-174.

[2] Yang T, Sun Y, Liu Q, et al. Cubic sub-20 nm NaLuF$_4$-based upconversion nanophosphors for

high-contrast bioimaging in different animal species. Biomaterials, 2012, 33(14): 3733-3742.

[3] Jalil R A, Zhang Y. Biocompatibility of silica coated $NaYF_4$ upconversion fluorescent nanocrystals. Biomaterials, 2008, 29(30): 4122-4128.

[4] Nyk M, Kumar R, Ohulchanskyy T Y, et al. High contrast in vitro and in vivo photoluminescence bioimaging using near infrared to near infrared up-conversion in Tm^{3+} and Yb^{3+} doped fluoride nanophosphors. Nano Letters, 2008, 8(11): 3834-3838.

[5] Xiong L Q, Chen Z G, Yu M X, et al. Synthesis, characterization, and *in vivo* targeted imaging of amine-functionalized rare-earth up-converting nanophosphors. Biomaterials, 2009, 30(29): 5592-5600.

[6] Yu M, Li F, Chen Z, et al. Laser scanning up-conversion luminescence microscopy for imaging cells labeled with rare-earth nanophosphors. Analytical Chemistry, 2009, 81(3): 930-935.

[7] Xiong L, Chen Z, Tian Q, et al. High contrast upconversion luminescence targeted imaging *in vivo* using peptide-labeled nanophosphors. Analytical Chemistry, 81(21): 8687-8694.

[8] Yu X F, Sun Z, Li M, et al. Neurotoxin-conjugated upconversion nanoprobes for direct visualization of tumors under near-infrared irradiation. Biomaterials, 2010, 31(33): 8724-8731.

[9] Li Z, Zhang Y, Shuter B, et al. Hybrid lanthanide nanoparticles with paramagnetic shell coated on upconversion fluorescent nanocrystals. Langmuir, 2009, 25(20): 12015-12018.

[10] Xia A, Gao Y, Zhou J, et al. Core-shell $NaYF_4$: Yb^{3+}, Tm^{3+}@Fe_xO_y nanocrystals for dual-modality T2-enhanced magnetic resonance and NIR-to-NIR upconversion luminescent imaging of small-animal lymphatic node. Biomaterials, 2011, 32(29): 7200-7208.

[11] Liu Q, Sun Y, Li C, et al. 18F-Labeled magnetic-upconversion nanophosphors via rare-earth cation-assisted ligand assembly. ACS Nano, 2011, 5(4): 3146-3157.

[12] Park Y I, Kim J H, Lee K T, et al. Nonblinking and nonbleaching upconverting nanoparticles as an optical imaging nanoprobe and T1 magnetic resonance imaging contrast agent. Advanced Materials, 2009, 21(44): 4467-4471.

[13] Sun Y, Yu M, Liang S, et al. Fluorine-18 labeled rare-earth nanoparticles for positron emission tomography(PET)imaging of sentinel lymph node. Biomaterials, 2011, 32(11): 2999-3007.

[14] Liu Z, Pu F, Huang S, et al. Long-circulating Gd_2O_3:Yb^{3+},Er^{3+} up-conversion nanoprobes as high-performance contrast agents for multi-modality imaging. Biomaterials, 2013, 34(6): 1712-1721.

[15] Xia A, Chen M, Gao Y, et al. Gd^{3+} complex-modified $NaLuF4$-based upconversion nanophosphors for trimodality imaging of NIR-to-NIR upconversion luminescence, X-Ray computed tomography and magnetic resonance. Biomaterials, 2012, 33(21): 5394-5405.

[16] Zhou J, Yu M, Sun Y, et al. Fluorine-18-labeled Gd^{3+}/Yb^{3+}/Er^{3+} co-doped $NaYF_4$ nanophosphors for multimodality PET/MR/UCL imaging. Biomaterials, 2011, 32(4): 1148-1156.

[17] Tian G, Gu Z, Liu X, et al. Facile fabrication of rare-earth-doped Gd_2O_3 hollow spheres with upconversion luminescence, magnetic resonance, and drug delivery properties. The Journal of

Physical Chemistry C, 2011, 115(48): 23790-23796.

[18] Wang C, Cheng L, Liu Z. Drug delivery with upconversion nanoparticles for multi-functional targeted cancer cell imaging and therapy. Biomaterials, 2011, 32(4): 1110-1120.

[19] Jayakumar M K, Idris N M, Zhang Y. Remote activation of biomolecules in deep tissues using near-infrared-to-UV upconversion nanotransducers. Proceedings of the National Academy of Sciences of the United States of America, 2012, 109(22): 8483-8488.

[20] Wang C, Tao H, Cheng L, et al. Near-infrared light induced in vivo photodynamic therapy of cancer based on upconversion nanoparticles. Biomaterials, 2011, 32(26): 6145-6154.

[21] Chatterjee D K, Zhang Y. Upconverting nanoparticles as nanotransducers for photodynamic therapy in cancer cells. Nanomedicine, 2008, 3(1): 73-82.

[22] Lim M E, Lee Y L, Zhang Y, et al. Photodynamic inactivation of viruses using upconversion nanoparticles. Biomaterials, 2012, 33(6): 1912-1920.

[23] Idris N M, Gnanasammandhan M K, Zhang J, et al. In vivo photodynamic therapy using upconversion nanoparticles as remote-controlled nanotransducers. Nature Medicine, 2012, 18(10): 1580-1585.

[24] Shan J, Budijono S J, Hu G, et al. Pegylated composite nanoparticles containing upconverting phosphors and meso-tetraphenyl porphine(TPP)for photodynamic therapy. Advanced Functional Materials, 2011, 21(13): 2488-2495.

[25] Barreto J A, O'Malley W, Kubeil M, et al. Nanomaterials: applications in cancer imaging and therapy. Adv Mater, 2011, 23(12): H18-40.

[26] Cheng L, Yang K, Li Y, et al. Multifunctional nanoparticles for upconversion luminescence/MR multimodal imaging and magnetically targeted photothermal therapy. Biomaterials, 2012, 33(7): 2215-2222.

[27] Dong B, Xu S, Sun J, et al. Multifunctional NaYF$_4$: Yb^{3+}, Er^{3+}@Ag core/shell nanocomposites: integration of upconversion imaging and photothermal therapy. Journal of Materials Chemistry, 2011, 21(17): 6193.

[28] Doane T L, Burda C. The unique role of nanoparticles in nanomedicine: imaging, drug delivery and therapy. Chemical Society Reviews, 2012, 41(7): 2885-2911.

[29] Yan L, Chang Y N, Zhao L, et al. The use of polyethylenimine-modified graphene oxide as a nanocarrier for transferring hydrophobic nanocrystals into water to produce water-dispersible hybrids for use in drug delivery. Carbon, 2013, 57: 120-129.

[30] Bae Y M, Park Y I, Nam S H, et al. Endocytosis, intracellular transport, and exocytosis of lanthanide-doped upconverting nanoparticles in single living cells. Biomaterials, 2012, 33(35): 9080-9086.

[31] Xiong L, Yang T, Yang Y, et al. Long-term in vivo biodistribution imaging and toxicity of polyacrylic acid-coated upconversion nanophosphors. Biomaterials, 2010, 31(27): 7078-7085.